BIBLIOTHÈQUE

DES

ÉCOLES CHRÉTIENNES

APPROUVÉE

PAR Mgr L'ARCHEVÊQUE DE TOURS

PROPRIÉTÉ DES ÉDITEURS.

MERVEILLES DE L'INDUSTRIE.

Un chemin de fer.

MERVEILLES
DE
L'INDUSTRIE

MACHINES A VAPEUR — BATEAUX A VAPEUR
— CHEMINS DE FER

PAR ARTHUR MANGIN

TOURS

A^d MAME ET Cie, IMPRIMEURS-LIBRAIRES

1858

LES
MACHINES A VAPEUR

CHAPITRE I

Fables sur l'origine des machines à vapeur. — Le marquis de Worcester. — Salomon de Caus.

Un peu d'eau dans une chaudière ; un cylindre où se rend la vapeur, et dans lequel se meut, sous sa pression, alternativement de haut en bas et de bas en haut, un piston dont la tige communique avec un balancier ; un volant, une manivelle, des roues, destinés à régulariser, à transmettre, à transformer le mouvement du piston : — telle est, dans ses dispositions essentielles, la machine qui vient, en quelques années, d'accomplir dans l'industrie, dans les relations d'homme à homme, de peuple à peuple, et jusque dans les conditions sociales des nations civilisées, la plus grande révolution qui se soit jamais vue.

Qu'on ne s'y méprenne point : cette machine, simple en elle-même, ne doit pas être rangée dans la catégorie — beaucoup moins nombreuse qu'on ne le croit vulgairement — des « petites causes qui produisent les grands effets. » Son origine est en rapport avec l'importance et l'étendue de ses résultats. Elle est la conséquence, non de circonstances accidentelles, non de tâtonnements couronnés par le hasard d'un succès inattendu, mais des progrès lents et de la maturité des sciences, des méditations et des expériences d'esprits éclairés et profonds. Elle repose, en un mot, sur les lois physiques qu'il était le plus difficile de découvrir, de formuler et d'appliquer : celles de la pression atmosphérique, de la formation des vapeurs, des effets du calorique, etc.

Aussi est-ce grandement à tort et sans aucune apparence de raison que quelques auteurs ont prétendu faire remonter l'invention de la machine à vapeur, même la plus élémentaire, à une époque où la science physique n'existait point, ou laissait à peine entrevoir ses premiers rudiments.

Les fables débitées à ce sujet par des écrivains peu réfléchis et peu sérieux ont malheureusement, en raison même de leur singularité, trouvé trop de créance parmi le public ignorant; toujours plus enclin à accepter les assertions paradoxales qu'à les contrôler par un examen raisonné. Quelques-unes de ces fables sont passées ainsi à l'état de traditions soi-disant historiques, dont personne ne s'avise de contester l'authenticité. Les amours-propres nationaux se mettant de la partie, et chaque nation voulant revendiquer pour elle la priorité d'une découverte glorieuse, on arriverait, si l'on voulait suivre d'échelon en échelon ces exhumations de génies apocryphes et d'anecdotes controuvées, à gravir toute la série des âges ; et qui sait si l'on ne finirait pas par trouver quelque mystificateur assez hardi pour avancer que l'arche de Noé était un bateau à vapeur ?

Que nos lecteurs se rassurent : nous n'avons point dessein de remonter jusqu'au déluge. Nous ne leur parlerons même ni de Héron d'Alexandrie, ni d'Anthémius de Byzance, et nous franchirons d'un bond tout le moyen âge pour arriver d'emblée au commencement du xviie siècle.

Nous trouvons à cette époque deux personnages, Salomon de Caus en France, le marquis de Worcester en Angleterre, auxquels leurs compatriotes respectifs ont fait longtemps l'honneur très-immérité de les présenter contradictoirement comme les premiers auteurs d'une machine ou d'un projet de machine mue par la vapeur d'eau.

Nous dirons peu de chose du marquis de Worcester, sorte de cerveau brûlé, esprit brouillon et présomptueux, fort ignorant d'ailleurs, qui voulut se mêler de tout, et qui ne fit jamais rien de sensé en quoi que ce soit. Dans un livre intitulé *Century of inventions*, publié à Londres en 1663, le noble lord disait, entre autres choses :

« J'ai inventé *un moyen aussi admirable que puissant* pour élever l'eau par le moyen du feu, non pas avec le secours de la pompe, parce que celle-ci n'agit, selon l'expression des philosophes, qu'*intra sphœram activitatis*, qui a très-peu d'étendue ; au contraire, cette nouvelle puissance n'a pas de bornes, si le vase est assez fort. J'ai pris, par exemple, une pièce de canon dont le bout était brisé ; j'en ai rempli d'eau les trois quarts ; j'ai bouché ensuite et fermé à l'aide d'une vis le bout cassé ainsi que la lumière, et fait continuellement du feu sous le canon : au bout de vingt-quatre heures, il éclata avec un grand bruit. *De sorte qu'ayant trouvé une manière de construire solidement mes vases* (comment trouvé ? quels vases ?) et de les remplir l'un après l'autre, j'ai vu l'eau jaillir (d'où ?) comme un jet continuel à *quarante pieds de hauteur*. Un vase d'eau raréfiée par le feu en fait monter quarante d'eau froide. L'homme qui surveille le jeu de la machine (en quoi consiste ce jeu ?) n'a qu'à tourner deux robinets, afin qu'un vase d'eau étant épuisé, l'autre *commence à forcer et à se remplir d'eau froide*, et ainsi de suite, le feu étant constamment alimenté et soutenu, ce qu'une même personne peut faire aisément dans l'intervalle de temps où elle n'est pas occupée à tourner les robinets. »

Tout ce qu'on peut démêler d'un peu clair dans ce galimatias, c'est que le marquis de Worcester fit éclater un canon bouché en y chauffant de l'eau à outrance. Quant à la machine admirable et puissante qu'il dit avoir imaginée — et que personne de son temps ne vit jamais, — bien malin serait celui qui pourrait s'en faire une idée d'après la description qu'il en donne.

C'est pourtant là-dessus, et là-dessus seulement, que ses compatriotes, même les plus savants et les plus entendus en la matière, ont cru pouvoir établir ses droits au titre — incontestable selon eux — d'inventeur des machines à vapeur ! Voilà où conduit l'exagération de l'amour-propre national !

Salomon de Caus est encore chez nous l'objet d'un préjugé semblable ; il est même devenu le héros d'une légende très-généralement accréditée, que les lettres et les arts se sont complu à embellir et à dramatiser. Salomon de Caus, inventeur méconnu, homme de génie persécuté, — outré enfin de l'ingratitude de ses contemporains, et enfermé comme fou à Bicêtre, où il le devint enfin réellement et mourut tel, — ce Salomon de Caus est fait assurément pour inspirer un vif intérêt, une profonde pitié ; aussi plusieurs écrivains en ont-ils fait le héros de leurs romans, et tout Paris a vu et admiré, au salon de 1855, un grand tableau de M. Lécurieux, *les Fous*, parmi lesquels figurait l'infortuné Salomon, les cheveux hérissés, les yeux hors des orbites, grinçant des dents et les doigts crispés aux barreaux de sa cage...

Malheureusement, — ou plutôt heureusement, — ce personnage imaginaire n'a rien de commun avec le véritable Salomon de Caus. Celui-ci était un honnête architecte normand, qui pratiqua son art avec distinction en Italie, en Angleterre, en Allemagne, et qui revint paisiblement finir ses jours dans son pays natal, où il mourut en 1630. Loin d'avoir été persécuté par le cardinal de Richelieu, il en fut protégé et favorisé, ce que prouve la dédicace de son livre *La Practique et démonstration des horloges solaires, avec un discours sur les proportions*, dédicace adressée à Richelieu et pleine des expressions de sa reconnaissance pour les bontés du cardinal-ministre. Salomon de Caus, étant mort en 1630, ne put d'ailleurs être enfermé en 1641, comme le veut la légende. Enfin, une dernière objection, c'est que Bicêtre était alors, non un hôpital de fous, mais une commanderie de Saint-Louis, où le gouvernement recueillait les militaires invalides.

Quant à la découverte des propriétés dynamiques de la vapeur d'eau, il n'y a pas plus de fondement à l'attribuer à notre architecte qu'à son concurrent d'outre-Manche. Comme physicien, en effet, il s'en fallait de beaucoup qu'il fût plus avancé que ceux de son temps. Son ouvrage *La Raison des forces mouvantes*, où l'on a cru trouver son grand titre de gloire, est plein des erreurs et des préjugés de l'ancienne physique, et la prétendue machine à vapeur qui s'y trouve décrite est tout simplement un appareil — dont l'auteur ne pense nullement à se dire l'inventeur — pour faire monter l'eau à l'aide du feu. — « C'est une balle en cuivre bien soudée tout alentour, à laquelle il y aura un soupirail par où l'on mettra l'eau, et aussi un tuyau qui sera soudé en haut de la balle, et dont le bout approchera près du fond sans y toucher; après, faut emplir ladite balle d'eau par le soupirail, puis la bien reboucher et la mettre sur le feu : alors la chaleur, donnant contre ladite balle, fera monter l'eau par le tuyau. »

Cette description a du moins sur celle du marquis anglais l'avantage d'être claire; on voit sans peine de quoi il s'agit. Mais il n'est pas aussi facile de deviner quel peut être l'usage d'un semblable appareil, soit dans l'industrie, soit dans l'économie domestique, et il faut assurément une bonne volonté bien héroïque pour trouver un rapport réel entre ce joujou de physique amusante et une machine à vapeur.

CHAPITRE II

Expériences de Pascal et de Torricelli sur la pression atmosphérique. — Machine pneumatique inventée par Otto de Guericke. — Machines atmosphériques de l'abbé de Hautefeuille et de Christian Huyghens. — Denis Papin. — Sa *marmite*. — Sa machine à piston. — Ses voyages. — Sa mort.

Laissons là les fables et les puérilités, et venons à des faits plus sérieux. Les sciences, dotées par Descartes et Bacon d'une nouvelle méthode, venaient, grâce à ce puissant levier, de se soustraire à la tyrannie de la routine scolastique. On osait penser autrement qu'Aristote, contrôler ses oracles, se créer par soi-même des idées raisonnées sur les problèmes auxquels on n'eût jamais eu, quelques années plus tôt, la témérité de chercher une solution ailleurs que dans les œuvres du maître; hasarder enfin des propositions philosophiques, sans les terminer par la formule sacramentelle : *Ipse dixit*.

Un des préjugés les plus invétérés de l'Ecole était la croyance absolue à cet axiome fameux, *la nature a horreur du vide*. Deux hommes de génie, Torricelli en Italie, Blaise Pascal en France, firent justice de cette erreur séculaire, et démontrèrent, par des expériences mémorables, que les effets attribués à cette prétendue horreur de la nature pour le vide, étaient dus à la pression de l'air atmosphérique. Leur démonstration fut rendue encore plus péremptoire par un physicien de Magdebourg, nommé Otto de Guericke, qui acheva de prouver la possibilité du vide en le produisant artificiellement. Pour obtenir ce résultat d'une manière satisfaisante, Otto de Guericke, après de longs tâtonnements, imagina et construisit enfin la machine qu'il désigna sous le nom de *machine pneumatique*. Ces diverses expériences révélèrent l'existence d'une force immense, celle de la pression atmosphérique, qu'on songea bientôt à utiliser pour donner à l'industrie le moteur universel dont l'absence avait jusqu'alors été un obstacle insurmontable à ses progrès et à ses développements. Il suffisait, pensait-on, de faire le vide dans un récipient pour anéantir, à un moment et sur un point donnés, la résistance qui s'oppose à l'action de la pesanteur de l'air, pour que cette pression fût capable de soulever des poids énormes, de réaliser des effets incalculables. Cette préoccupation fut le point de départ des recherches qui devaient conduire un physicien français à l'invention de la machine à vapeur, ou, comme on disait alors, de la machine à feu. Mais n'anticipons point.

Le premier projet pour l'emploi de la pression atmosphérique comme force motrice est dû à l'abbé Jean de Hautefeuille. C'était en 1678, au moment où les mécaniciens s'ingéniaient à trouver un moyen d'amener les eaux de la Seine dans les bassins du parc de Versailles, que Louis XIV faisait alors construire. Chacun proposait ses moyens. L'abbé de Hautefeuille imagina une caisse munie de quatre soupapes et d'un tube plongeant dans l'eau qu'on voudrait élever. Il brûlait dans cette caisse une petite quantité de poudre à canon. L'air, chassé par l'explosion, s'échappait par les soupapes qui se refermaient aussitôt; l'appareil était ainsi en partie vidé, et la pression extérieure forçait l'eau à s'élancer dans le tube. C'était là encore, on le voit, une machine des plus grossières, et dont l'emploi eût sans doute donné de très-médiocres résultats. Quelques années plus tard, un savant hollandais établi à Paris, le célèbre Huyghens [1], reprit en sous-œuvre l'idée de l'abbé de Hautefeuille, et construisit une machine dans laquelle on trouve déjà l'élément

---

[1] Le même à qui l'on doit l'invention des horloges à pendule.

principal de la machine à vapeur, à savoir : un cylindre dans lequel un piston, après avoir été soulevé par la force de la poudre, retombait sous l'influence de la pression atmosphérique, et produisait ainsi un mouvement alternatif et perpendiculaire qu'on pouvait appliquer, non plus seulement à pomper de l'eau, mais à toutes sortes d'opérations mécaniques exigeant une force considérable. Cette machine, bien qu'elle fût de beaucoup supérieure à celle de l'abbé de Hautefeuille, présentait encore de graves inconvénients, au nombre desquels il faut signaler l'emploi même de la poudre. Cette substance, outre qu'elle est d'un maniement dangereux, rendait l'appareil très-incommode ; en effet, pour chaque coup de piston qu'on voulait obtenir, il fallait introduire une nouvelle quantité de poudre, et le vide ne pouvait jamais être que partiel, ce qui diminuait environ de moitié la force de l'appareil. Le principe de ce mécanisme était néanmoins assez ingénieux pour qu'on ne renonçât pas facilement à l'utiliser en le perfectionnant, ce qui fut tenté, mais sans succès, comme nous allons le voir.

Huyghens s'était attaché, vers 1662, sur la recommandation de Mme Colbert, un jeune médecin de province, venu à Paris pour s'y faire une clientèle, mais que sa pauvreté, jointe à son goût pour la physique et la mécanique, avait bientôt décidé à abandonner une profession peu lucrative, et à s'adonner à des recherches d'un autre genre.

DENIS PAPIN, c'était le nom de ce médecin, était né à Blois, le 22 août 1647. Élevé au Collége des Jésuites, il vint étudier la médecine à Paris, puis alla prendre à Orléans le grade de docteur, pour revenir ensuite à Paris. Là il se mit en rapport avec plusieurs savants, et notamment avec Huyghens, qui tenait de la libéralité de Colbert une forte pension avec un logement à la Bibliothèque royale, et qui associa Papin à ses travaux, comme nous l'avons dit. Le vide et la pesanteur de l'air étaient alors le principal objet des recherches des savants. Aussi voyons-nous que le premier ouvrage publié par Papin, en 1674, avait, pour titre : *Nouvelles expériences du vuide, avec la description des machines qui servent à le faire.* L'année suivante, entraîné par l'humeur vagabonde qui l'a fait surnommer par ses contemporains le « philosophe cosmopolite »; Papin quitta Paris et passa en Angleterre, où il trouva un protecteur et un ami précieux dans le savant Robert Boyle, qui fit pour lui ce qu'avait fait Huyghens, c'est-à-dire le mit de moitié dans ses études, et de plus le fit entrer dans la Société royale de Londres, qu'il venait de fonder.

Ce fut pendant son séjour à Londres et, son association avec Boyle que Papin exécuta ses premières expériences sur les propriétés de la vapeur d'eau bouillante, et qu'il inventa son premier appareil fondé sur ces propriétés. Cet appareil, qui figure encore dans la plupart des cabinets de physique, sous le nom de *marmite de Papin,* fut appelé par lui « Nouveau digesteur (*New digester*). » Il en expliqua la construction et l'emploi dans une brochure publiée en anglais sous ce titre (1681). C'était simplement une marmite hermétiquement fermée; dans laquelle, la vapeur étant comprimée, on pouvait obtenir une très-haute température, et cuire en quelques instants des viandes et d'autres aliments. Cette marmite — et c'est à ce titre qu'elle mérite attention — avait été munie par son inventeur d'un des organes les plus importants de nos *générateurs* actuels : la soupape de sûreté, destinée à prévenir les explosions. Ajoutons cependant que, lorsqu'il imagina et construisit son digesteur, Papin ne songeait point encore à utiliser comme force motrice la tension élastique de la vapeur : il n'avait en vue qu'un but d'économie domestique de l'ordre le plus vulgaire : c'était un *pot-au-feu,* rien de plus.

En cette même année 1681, entraîné encore, et bien mal conseillé cette fois par son besoin de changement, Papin commit la faute de quitter l'Angleterre où il pouvait espérer un bel avenir, et d'aller, sur la foi de vaines promesses, s'établir à Venise. Il resta dans cette ville deux années, au bout desquelles, déçu dans ses espérances, il revint en Angleterre. Son absence avait indisposé contre lui ses anciens amis, et tout ce qu'il put obtenir fut une pension de trente livres par an, moyennant laquelle il se chargeait d'exécuter les expériences ordonnées par la Société royale, et de copier sa correspondance. Durant ce second séjour à Londres, il revint au problème qui préoccupait beaucoup de savants, celui des applications mécaniques de la pression de l'atmosphère, et il crut le résoudre en prenant pour moteur la machine pneumatique elle-même. Il présenta, en conséquence, à la Société royale le projet d'une machine « pour transporter au loin la force des rivières. » C'était un long cylindre métallique, dans lequel on faisait le vide à l'aide de deux corps de pompe dont les pistons étaient mis en jeu par une chute d'eau ; le cylindre lui-même était parcouru par un piston qui, chassé violemment par la pression extérieure de l'air, devait servir à transporter des poids, à puiser de l'eau, etc.

Il est curieux de remarquer que cet appareil reposait sur le même principe que les chemins de fer atmosphériques dont on a tenté l'établissement il y a peu d'années. Il fut exécuté et expérimenté ; mais, ses effets n'ayant point réalisé les promesses de l'inventeur, l'entreprise n'eut pas d'autre suite, et Papin en fut encore pour ses frais. A bout de ressources matérielles et ne pouvant vivre avec sa maigre pension, le pauvre physicien ne savait plus de quel bois faire flèche, lorsqu'en 1687 le landgrave de Hesse lui fit offrir une chaire de mathématiques à l'université de Marbourg. Bien que cet emploi ne fût guère en rapport avec ses études antérieures, il se trouva heureux de l'accepter et quitta de nouveau Londres, d'où il n'emporta autre chose que quatre exemplaires de l'*Histoire des poissons*, témoignage de satisfaction qui lui fut décerné par la Société royale.

Une fois installé dans sa nouvelle résidence, il ne tarda pas à reprendre le cours de ses recherches. Toujours acharné à la poursuite du même but, il revint alors à la machine à poudre de son ancien maître et ami Christian Huyghens. Il la modifia en y introduisant quelques-unes des dispositions de sa machine pneumatique, et en publia une description dans les *Actes des érudits* de Leipzig, en 1688. Ce projet fut assez vivement et, il faut le dire, justement critiqué par les physiciens. Papin lui-même en reconnut les défectuosités; il chercha de nouveau un agent capable de remplacer avec avantage la poudre à canon, et ce fut alors enfin que l'idée lui vint d'employer la vapeur d'eau pour faire le vide dans le cylindre et pour soulever le piston que la pression de l'air ferait retomber. Le mémoire qu'il rédigea sur ce sujet, et qui fut inséré, comme le précédent, dans les *Actes des érudits*, porte pour titre : *Nova methodus ad vires motrices validissimas levi pretio comparandas* (Nouvelle méthode pour obtenir à peu de frais des forces motrices très-puissantes).

La machine dont il prétendait se servir ne peut en réalité, selon la judicieuse observation de M. L. Figuier, être considérée autrement que comme un appareil propre à démontrer par l'expérience le principe de la force élastique de la vapeur et la possibilité d'en tirer parti; elle présentait du reste, au point de vue de la pratique, des défectuosités qui la rendaient de nul usage; défectuosités auxquelles on peut s'étonner que Papin n'ait pas remédié, comme il pouvait le faire, par quelques modifications très-simples; mais l'histoire des inventions et découvertes est là pour prouver que le génie seul sait trouver aux problèmes qu'il étudie des solutions simples, et que les esprits médiocres s'embarrassent toujours dans des complications inutiles. Or, sans chercher aucunement à amoindrir la part légitime de gloire qui revient à Papin; sans lui contester son titre de premier inventeur de la machine à vapeur, nous ne saurions le considérer que comme un physicien ingénieux, doué d'un esprit inventif, mais d'une mobilité peu propre à l'accomplissement de grandes choses; il eut quelques idées heureuses et fécondes; mais il n'en comprit pas lui-même la portée, puisqu'il ne sut point en tirer parti.

Il faut ajouter, du reste, que ses contemporains furent à cet égard aussi peu clairvoyants que lui. Aucun d'eux n'entrevit le brillant avenir de cette découverte, et leur indifférence presque malveillante découragea Papin. Il cessa pendant plusieurs années de se livrer à des travaux dont il ne recueillait d'autres fruits que des déboires amers.

Lorsqu'il y revint, ce fut en apprenant qu'un Anglais nommé Thomas Savery venait d'appliquer la force de la vapeur à une autre machine qui fonctionnait en 1705 sur plusieurs points de la Grande-Bretagne; cette machine était de beaucoup inférieure à celle de Papin; elle n'avait ni piston ni corps de pompe, et ne pouvait servir qu'à puiser de l'eau par aspiration. Néanmoins le succès relatif et momentané qu'elle obtint acheva de persuader à notre compatriote que sa machine à piston ne serait jamais adoptée par l'industrie; aussi, au lieu de chercher à perfectionner celle-ci, il ne songea d'abord qu'à modifier celle de son rival : en quoi il ne fut pas plus heureux que dans ses essais antérieurs.

Papin était né inventeur; la destinée qui semble s'être acharnée sans relâche contre lui, les circonstances qui rendirent stériles ses plus belles conceptions, la misère, la persécution, rien ne put étouffer en lui cette ardeur de découvrir, ce besoin de créer qui firent à la fois son malheur et sa gloire.

Nous verrons plus loin, en nous occupant des projets successivement émis et des tentatives faites pour appliquer la vapeur à la propulsion des navires, que la première idée, et même la première réalisation de ce progrès sont dus à l'illustre et infortuné physicien de Blois, mais qu'il échoua dans cette entreprise, comme dans les autres, par suite du mauvais vouloir ou de l'indifférence des personnes sur l'appui desquelles il avait cru pouvoir compter.

Les renseignements précis nous manquent sur les dernières années de la vie de Papin. On sait seulement que, peu satisfait de l'hospitalité des Allemands, il quitta leur pays en 1707 ou 1708, et retourna en Angleterre. Là il se remit pour la seconde fois au service de la Société royale de Londres, service très-peu lucratif, dont les émoluments étaient loin de suffire à ses besoins et à ceux de sa famille. Il mourut donc, selon toute probabilité, dans un état voisin de la misère, vers l'année 1715.

CHAPITRE III

Thomas Savery. — Sa pompe aspirante. — Succès qu'elle obtient en Angleterre. — Thomas Newcomen et John Cawley. — Leur machine à feu. — La soupape de sûreté. — Perfectionnements successifs apportés à la machine à feu. — Humphrey Potter. — Fitz-Gerald.

Nous avons parlé un peu plus haut de Thomas Savery et de sa pompe aspirante.

Ce Thomas Savery, ancien ouvrier mineur, devenu ensuite capitaine de navire et enfin ingénieur habile, s'occupait depuis longtemps à chercher des moyens mécaniques, puissants et expéditifs, pour le desséchement des mines de houille, lorsqu'il eut connaissance de la machine de Papin par les critiques très-vives dont cette machine était l'objet en Angleterre, notamment de la part du savant physicien Robert Hooke. Vivement frappé de ce qu'il y avait de fondé dans ces critiques, il ne vit de la machine de notre compatriote que les imperfections, et tout en en adoptant le principe fondamental, c'est-à-dire l'action combinée de la force élastique de la vapeur et de la pesanteur de l'air, il en méconnut précisément la disposition la plus heureuse, celle qui en faisait tout le mérite : le jeu du piston dans le cylindre. Obéissant d'ailleurs, on peut le croire, à un petit sentiment de vanité personnelle, il aima mieux produire une invention qui lui fût propre que de perfectionner celle d'autrui. Enfin, comme il n'avait en vue d'autre but que l'extraction de l'eau des mines, il trouva plus simple et plus économique d'y employer directement les agents naturels dont il disposait, sans le secours d'aucun mécanisme accessoire, et, après quelques tâtonnements, il s'arrêta définitivement aux dispositions suivantes.

Une chaudière placée sur un fourneau était aux deux tiers remplie d'eau qu'on mettait en ébullition. Cette chaudière portait, à sa partie supérieure, un tube qui la mettait en communication avec un récipient terminé dans le bas par un autre tube, à peu près du même diamètre que le premier. Ce second tube, horizontal, s'adaptait perpendiculairement à un troisième. Ce dernier était vertical. Son extrémité inférieure plongeait dans l'eau qu'il s'agissait de puiser; son extrémité supérieure était recourbée, et débouchait dans un canal ou dans un bassin. Il était muni intérieurement de deux soupapes, l'une au-dessus, l'autre au-dessous de l'orifice du tube horizontal.

Voici comment fonctionnait cette machine.

L'eau étant en ébullition, on ouvrait un robinet adapté au tube, qui établissait la communication entre la chaudière et le récipient. La vapeur s'élançait alors dans celui-ci; l'air était chassé par le haut du tube vertical, en soulevant la soupape supérieure. Le robinet était ensuite fermé; on arrosait le récipient de l'eau froide d'un réservoir disposé au-dessus; la vapeur se condensait, et le vide se faisait, l'air ne pouvant rentrer par la soupape qui venait de lui livrer passage, et que sa pression même fermait dès lors hermétiquement. Mais cette pression forçait, dans le même moment, l'eau de la mine à s'élancer dans la partie inférieure du tube, en soulevant la deuxième soupape, et à remplir le récipient. On rouvrait alors le robinet; la vapeur pressait à son tour le liquide, et le refoulait dans la partie supérieure du tube, par où il était chassé dans le bassin ou déversoir. On fermait ensuite le robinet; on faisait arriver sur le récipient une nouvelle quantité d'eau froide qui y faisait le vide, comme précédemment, en condensant la vapeur, et y déterminait presque aussitôt l'afflux d'une nouvelle quantité d'eau. L'opération se continuait ainsi jusqu'à l'épuisement complet, qui, avec une machine de grande dimension, pouvait se faire assez rapidement. Tout le travail humain exigé pour l'emploi de cet appareil consistait, on le voit, à entretenir le feu sous la chaudière, à ouvrir et à fermer alternativement le robinet du tube de dégagement et celui du réservoir d'eau froide. Sa construction et son mode de fonctionnement étaient, on ne peut le nier, l'œuvre d'un esprit ingénieux ; mais, outre que, comme nous l'avons fait remarquer, cette machine ne jouait et ne pouvait jouer d'autre rôle que celui d'une pompe, elle ne laissait pas de présenter de notables inconvénients, et surtout de graves dangers. Plus ses dimensions étaient grandes, plus la quantité de liquide à aspirer et à refouler était considérable, et plus aussi il fallait élever la température de la chaudière et augmenter la pression de la vapeur. Aussi les explosions étaient-elles fort communes. Savery eût pu les prévenir en ayant recours à la soupape de sûreté que Papin avait imaginée pour son digesteur. Il n'y songea point, et dut se résigner à ne produire que de médiocres effets, faute de pouvoir trouver, comme il en convenait lui-même, des vaisseaux assez résistants pour supporter le poids d'une colonne d'eau de plus de 70 à 80 pieds.

Quoi qu'il en soit, il s'assura par un brevet, en 1698, la propriété et l'exploitation exclusive de ses machines, et réussit à les faire adopter, pour l'élévation des eaux, dans plusieurs districts houillers de la Grande-Bretagne. Une entre autres fut établie près de Darmouth, et attira vivement l'attention de deux simples artisans, habitants de cette ville. L'un était un serrurier nommé Thomas Newcomen; l'autre s'appelait John Cawley, et exerçait la profession de vitrier. Ils étaient liés ensemble d'une étroite amitié; tous deux bons travailleurs, aimant à s'instruire, et désireux de s'élever par leur industrie et leur talent au-dessus de leur humble condition, ils prirent d'abord un vif plaisir à contempler la nouvelle pompe et à la voir fonctionner. Leur premier sentiment fut une profonde admiration; mais, en examinant cette machine dans le détail avec plus d'attention, ils ne tardèrent pas à en apercevoir les défauts, et à comprendre qu'il y avait un bien meilleur parti à tirer de l'emploi de la vapeur comme force motrice. Fort préoccupés de cet objet, ils se communiquaient chaque jour les idées qu'il leur suggérait; enfin, ne possédant pas assez de lumières pour arriver par eux-mêmes à la solution du problème qu'ils s'étaient posé, ils se décidèrent à consulter un savant dont les avis pussent les guider dans leurs recherches. Or le serrurier Newcomen avait précisément pour compatriote Robert Hooke, dont les bienveillants conseils lui avaient été plus d'une fois utiles. Il n'hésita pas à s'adresser à lui en cette conjoncture. Robert Hooke s'empressa de donner aux deux intelligents ouvriers les renseignements qui pouvaient leur être utiles. Il leur fit connaître la machine proposée quelques années auparavant par le docteur Papin; mais en même temps il leur signala les vices qui, selon lui, la rendaient inapplicable. La description de cette machine séduisit fort Newcomen; les objections de son illustre correspondant ne firent, pour ainsi dire, qu'effleurer son esprit. Il conçut aussitôt le projet d'un nouvel appareil réunissant les avantages des deux systèmes du physicien français et de l'ingénieur anglais.

« Si Papin pouvait faire le vide *subitement* dans son cylindre, *votre affaire* serait faite, » avait dit Robert Hooke dans une de ses lettres. Or cette condition était facile à réaliser, par le même moyen qu'employait Savery pour condenser instantanément la vapeur dans son récipient, c'est-à-dire en arrosant le cylindre d'eau froide au moment où le piston arriverait en haut de sa course. Newcomen se mit donc sur-le-champ à l'œuvre, et, avec l'assistance de son ami Cawley, il exécuta le modèle d'une *machine à feu*, ou *machine atmosphérique*, fonctionnant avec autant de facilité que celle de Savery, et pouvant, grâce à la mise en pratique des idées fondamentales de Papin, fournir un moteur applicable à diverses combinaisons mécaniques.

Les deux artisans eurent quelque peine à obtenir le brevet qui leur était nécessaire; afin d'éviter toute contestation avec Thomas Savery, ils lui offrirent de le mettre en tiers dans la propriété de leur invention. Savery accepta d'abord, et contribua beaucoup, en faisant agir les amis qu'il avait en haut lieu, à obtenir le brevet qui fut délivré en 1705. Mais peu de temps après, par des motifs qui sont restés inconnus, il se retira de l'association. On peut supposer que, n'ayant jamais tiré de sa propre machine un parti très-avantageux, il se laissa décourager par les difficultés que rencontra au début l'exploitation du nouveau moteur; qu'il désespéra de son succès à venir, et tourna ses idées vers d'autres objets. Quoi qu'il en soit, son nom cesse dès lors de figurer dans l'histoire de la machine à vapeur.

Plus persévérants que lui, Newcomen et Cawley, après avoir vu leurs propositions repoussées par plusieurs industriels, finirent, en 1712, par conclure avec M. Back, de Wolverhampton, un marché assez avantageux pour l'établissement d'une machine destinée à l'épuisement des eaux d'une mine située non loin de Birmingham. La machine, construite dans cette ville par d'habiles ouvriers, fut promptement terminée et installée à l'entrée de la mine, où elle commença de fonctionner d'une manière satisfaisante. Dès les premiers jours, on fut à même d'y apporter certaines modifications propres à augmenter sa puissance en accroissant la rapidité de ses mouvements. C'est ainsi qu'au procédé emprunté à Savery pour la condensation de la vapeur dans le cylindre, on en substitua un autre, d'une efficacité beaucoup plus prompte, en faisant arriver l'eau froide, non plus sur la paroi externe, mais dans l'intérieur même du cylindre, d'où elle s'écoulait ensuite par un tuyau dont on ouvrait de temps en temps le robinet.

La chaudière, de forme hémisphérique, était engagée dans un fourneau en briques. De son sommet partait un tuyau vertical, qui la mettait en communication avec le cylindre où se mouvait le piston. Une première chaîne verticale était fixée d'un bout au centre du piston, de l'autre à l'une des extrémités d'un lourd balancier supporté en son milieu par un poteau planté dans la maçonnerie du fourneau. De l'autre extrémité de ce balancier partait une seconde chaîne verticale portant un contrepoids. Une longue tringle, faisant suite à la chaîne, plongeait dans le puits de la mine, où elle mettait les pompes en mouvement. Lorsque l'eau de la chaudière était en ébullition, et qu'on ouvrait le robinet du tube intermédiaire, la vapeur soulevait le piston jusqu'en haut du cylindre. Le contre-poids faisait alors basculer le balancier, et la tringle descendait. On fermait aussitôt ce robinet, et l'on en ouvrait un autre adapté à un tube qui descendait d'un réservoir placé à une certaine hauteur au-dessus de la machine, et débouchait à la base de la capacité cylindrique. L'eau froide, jaillissant dans cette capacité, condensait la vapeur; le vide se faisait, et le piston, obéissant de nouveau à la pression de l'atmosphère, retombait au fond du cylindre, et faisait remonter la tringle, en ramenant le balancier à sa première position.

La tringle recevait ainsi du piston, par l'intermédiaire du balancier, un mouvement alternatif de haut en bas et de bas en haut. Le nombre des coups de piston pouvait être de dix à douze par minute; il dépendait de la prestesse plus ou moins grande qu'on mettait à ouvrir et à fermer les robinets en temps opportun. Les ouvriers chargés de ce soin pouvaient donc, par leur négligence, non-seulement ralentir le jeu de la machine, mais encore compromettre son existence, ainsi que leur propre vie. A la vérité, Newcomen et Cawley avaient pris contre le danger des explosions toutes les précautions que comportait l'économie de leur machine. Ainsi, premièrement, ils avaient été assez bien inspirés pour adapter à leur chaudière la soupape de sûreté dont Papin le premier, et après lui Savery, avaient méconnu l'inappréciable utilité. En second lieu, tandis que, dans la machine de Savery, les parois du récipient devaient être très-minces, sans quoi l'effet réfrigérant des affusions extérieures d'eau froide ne se fût produit au travers qu'avec une extrême lenteur, le procédé adopté par les deux artisans de Darmouth pour la condensation de la vapeur permettait de donner à la paroi du cylindre une épaisseur capable de résister à une pression considérable. Néanmoins la nécessité d'ouvrir et de fermer alternativement à la main les robinets constituait un grave inconvénient. L'honneur d'y remédier d'une manière aussi simple qu'efficace, et d'apporter ainsi à la machine un des plus utiles perfectionnements qu'elle ait subis, était réservé à un jeune apprenti du nom de Humphrey Potter. Cet enfant était chargé de tourner les robinets d'une machine telle que nous venons de la décrire. Trouvant que c'était là, pour un être intelligent, un travail bien monotone, il se mit à chercher les moyens de s'en affranchir, et, en examinant les choses avec attention, il ne tarda pas à arriver à cette conclusion, que deux cordes de longueur inégale, attachées par un bout à chacun des robinets, et par l'autre à certains points du balancier, s'acquitteraient de cette besogne beaucoup mieux qu'il ne faisait. Sa combinaison, réalisée aussitôt que conçue, répondit pleinement à son attente. La machine pouvait désormais fonctionner seule;

les robinets s'ouvraient et se fermaient aux moments voulus par l'effet des mouvements du balancier, et, qui plus est, ces mouvements eux-mêmes avaient acquis une précision et une célérité que l'ouvrier le plus attentif et le plus adroit ne fût jamais parvenu à leur donner.

En accomplissant ce chef-d'œuvre de mécanique, Humphrey Potter, assure-t-on, n'avait autre chose en vue que de s'assurer des loisirs, de faire l'école buissonnière sur une grande échelle, et de passer son temps à jouer avec ses camarades, les gamins du voisinage. En ce cas, il faut avouer qu'il fut merveilleusement inspiré par sa paresse, et que son ingénieuse invention méritait bien, pour récompense, les quelques jours de congé qu'elle lui permit de se donner.

Il ne fallut pas ensuite un grand effort d'imagination pour remplacer les ficelles de l'apprenti Potter par des tringles de fer. Ce fut le mécanicien Beighton qui, en 1718, c'est-à-dire cinq ans après l'aventure que nous venons de raconter, établit à Newcastle la première pompe à feu où des tiges métalliques fussent adaptées au balancier et aux robinets, de manière à ouvrir ou fermer ceux-ci, selon les besoins de l'opération. Il obtint ainsi quinze coups de piston par minute, au lieu de dix ou douze au plus que donnait la machine primitive.

Quarante ans plus tard (1758), un autre mécanicien, nommé Fitz-Gerald, parvint à transformer le mouvement vertical du piston en un mouvement circulaire, par un système de roues dentées, et à le régulariser à l'aide d'un volant; mais il s'écoula encore un temps assez long avant que l'addition de ces précieux organes fût appréciée et utilisée. La machine de Newcomen et Cawley, comme celle de Savery, n'était employée, en effet, qu'à puiser de l'eau; le nom de *pompe à feu*, sous lequel on la désignait généralement, indique assez le rôle étroit qu'elle semblait destinée à remplir, et prouve qu'on ne devinait point, dans cet engin aux allures roides et lentes, l'embryon du moteur universel qui devait, en moins d'un siècle, révolutionner l'industrie et changer la face du monde.

CHAPITRE IV

Les inventions en Angleterre. — Progrès des sciences physiques au xviiie siècle. — Découvertes de Robert Black sur le calorique latent. — James Watt. — Sa famille, son enfance, ses débuts dans les sciences mécaniques. — Ses premiers travaux sur la machine à feu. — Le condenseur isolé. — *La machine à simple effet.* — Association de James Watt avec Matthieu Boulton.

L'Angleterre est la grande serre-chaude des inventions modernes; combien ont pris naissance en d'autres pays, — et notamment, hélas! dans le nôtre,—qui eussent infailliblement péri, si, jetées au delà du détroit par le vent de la publicité, elles ne fussent tombées sur cette terre classique de l'industrie, du commerce et des entreprises hardies. C'est là que, cultivés par des mains habiles et persévérantes, ces germes ont été fécondés, qu'ils se sont développés, qu'ils ont poussé des racines et des branches, qu'ils ont enfin porté des fruits abondants; après quoi on s'est décidé ailleurs à reconnaître qu'ils valaient quelque chose; on s'est souvenu qu'on les avait eus là sous la main, et qu'on en avait fait cas comme fit le coq de la perle trouvée dans le fumier; puis on s'est consolé de ce qu'on n'en avait rien su faire, en répétant bien haut le nom longtemps obscur de quelque homme de génie mort jadis dans la misère ou dans l'exil.

Ce n'est pas tout de poser un principe, il faut en déduire les conséquences; ce n'est pas tout d'émettre une idée, il faut l'appliquer. Il n'est peut-être aucun pays au monde qui ait vu naître autant d'idées que le nôtre (je ne parle ici que des idées ayant pour objet les sciences ou l'industrie); en d'autres termes, il n'en est point où l'on ait *commencé* plus de découvertes et d'inventions; presque toutes ont été étouffées dès l'origine par l'indifférence ou assommées par le ridicule, lorsque leurs auteurs eux-mêmes ne les ont pas abandonnées; et elles sont allées renaître et grandir soit en Angleterre, soit en Amérique — une autre Angleterre, — pour nous revenir ensuite transformées et méconnaissables. Nous les avons méconnues en effet, et Dieu sait quelles quarantaines nous leur avons fait subir; Dieu sait avec quelle hésitation méfiante nous les avons reçues, après quelles longues tergiversations nous nous sommes décidés à leur accorder le droit de cité dans leur ingrate et oublieuse patrie ! Tel a été, comme on l'a pu voir ailleurs, le sort de l'éclairage au gaz et de la télégraphie électrique; telle a été aussi la destinée de la machine à feu et de ses deux plus belles applications : la navigation par la vapeur et les chemins de fer.

La conception rudimentaire de Papin n'avait été prise au sérieux et examinée qu'en Angleterre, où le savant Robert Hooke l'avait soumise à une critique sévère et minutieuse. En France et en Allemagne, on ne lui avait pas fait cet honneur. Elle avait passé presque inaperçue, dédaignée de ce côté du Rhin, parce qu'elle ne frappait point les esprits par des propriétés merveilleuses d'une application immédiate; de l'autre côté, parce qu'il faut à l'esprit germanique, pour saisir les conséquences possibles d'une idée, une interminable série de raisonnements et de calculs méthodiquement déduits et longuement médités.

En Angleterre, la critique avait porté ses fruits. On avait entrevu la possibilité de créer un moteur puissant dont le besoin se faisait vivement sentir, de réaliser un progrès qui intéressait au plus haut point la prospérité de la Grande-Bretagne, et qui devait produire, du premier coup, un bien immense en rendant plus facile l'exploitation des mines de houille qui formaient la principale richesse de ce pays. Il n'en avait pas fallu davantage pour mettre les intelligences en éveil, et pour qu'une solution à peu près satisfaisante du problème fût accueillie avec faveur. Ce fut ce qui arriva : la machine atmosphérique de Newcomen et Cawley, seconde métamorphose de l'idée de Papin, obtint un succès réel : l'usage s'en répandit promptement dans les districts houillers, et, pendant cinquante années, malgré les vices fondamentaux que ne pouvaient corriger les perfectionnements de détail dont nous avons parlé, elle rendit à l'industrie des mines des services réels.

Cependant les sciences suivaient rapidement leur marche progressive. Dès la fin du XVII° siècle, un des physiciens les plus profonds et les plus ingénieux que la France ait produits, Guillaume Amontons posait les bases de la théorie du calorique, et construisait le premier thermomètre digne de ce nom. Un peu plus tard, l'ingénieur allemand Fahrenheit, et après lui Celsius et Réaumur donnaient à ce précieux instrument d'observation sa forme définitive. Enfin le savant professeur écossais Joseph Black découvrait le *calorique latent*, formulait la belle théorie du *calorique spécifique*, et dévoilait du même coup les lois qui président aux changements d'état physique des corps, à leur liquéfaction et à leur vaporisation.

Or la connaissance de ces lois était indispensable à l'accomplissement d'un progrès sérieux dans la construction des machines à feu : c'était faute de les posséder que les meilleurs mécaniciens n'avaient pu jusqu'alors sortir du cercle étroit tracé par les premiers inventeurs. Maintenant qu'elles étaient acquises à la science, une nouvelle transformation devenait possible : la théorie en fournissait les éléments ; elle traçait la route à suivre pour arriver enfin à la création tant désirée du grand moteur. Mais quel génie puissant et lucide saurait combiner ces éléments, deviner la voie mystérieuse et la suivre sans s'égarer? De quelle tête inspirée sortirait cette Minerve aux poumons d'airain et aux bras de fer, ce palladium de l'industrie moderne? A quel homme privilégié enfin écherrait la gloire de faire au monde un si magnifique présent? A ces questions l'Histoire répond par un nom que la Grande-Bretagne cite avec un juste orgueil, et que l'Europe entière prononce avec respect : ce nom est celui de James Watt.

Cet homme célèbre était né à Greenock, près de Glasgow, en Écosse, le 19 janvier 1736. Il avait reçu dans sa première jeunesse les éléments d'une instruction sérieuse, et l'étonnante facilité avec laquelle il avait saisi et retenu les principes des sciences avait fait concevoir sur son avenir les plus belles espérances. Malheureusement sa famille, s'étant trouvée tout à coup ruinée par de mauvaises spéculations, s'était vue contrainte de le retirer du collège et de renoncer pour lui aux carrières libérales en vue desquelles elle l'avait élevé. La nécessité de lui donner un état qui lui permît de se suffire promptement à lui-même, en mettant à profit les connaissances qu'il avait acquises, les décida à le placer, à seize ans, en apprentissage chez un constructeur d'instruments de précision de Greenock. Après avoir passé quatre années dans cette humble condition, le jeune James trouva à s'employer comme ouvrier à Londres, chez un ingénieur qui fabriquait des boussoles, des longues-vues et d'autres instruments à l'usage des navigateurs. Au bout de peu de temps, le mauvais état de sa santé le força de quitter la capitale et de revenir à Glasgow. Là, avec quelques économies péniblement amassées pendant les années précédentes, il essaya de s'établir dans une petite boutique où il pût exercer librement sa profession. Mais les antiques priviléges de la corporation des arts et métiers de la ville ne permettaient pas au premier venu d'ouvrir sans son autorisation une boutique ou un atelier. Cette autorisation, les membres de la jalouse confrérie pouvaient la refuser au jeune mécanicien, ce qu'ils firent avec une obstination qui. l'eût contraint d'abandonner son projet ou d'aller le réaliser ailleurs, si l'Université ne fût intervenue. Grâce à la protection du savant professeur Joseph Black, dont il suivait assidûment les cours et qui l'avait pris en amitié, Watt obtint, avec le titre de constructeur d'appareils de physique de l'Université, un local dépendant des bâtiments qui appartenaient à cette compagnie : sous l'égide de ce haut patronage, il put dès lors consacrer à travailler pour le public le temps que lui laissaient les constructions et les réparations qu'il était chargé de faire pour le compte de l'Université.

Les professeurs de Glasgow n'eurent pas à se repentir de ce qu'ils avaient fait pour le jeune mécanicien. Ils reconnurent bientôt qu'ils avaient acquis en lui, non-seulement un constructeur d'une rare habileté, mais encore un auxiliaire dont le génie inventif et pénétrant leur rendrait les plus importants services. Le docteur Robison, alors élève de l'Université, écrivait quelques années plus tard, dans le *Philosophical magazine*, les lignes que nous allons traduire, et qui sont un hommage éclatant rendu aux qualités aimables et aux facultés supérieures de James Watt.

« Bien que je ne fusse qu'un écolier, dit-il, j'avais la vanité de me croire passablement avancé dans mes études de physique et de mécanique, lorsque je fus présenté à Watt. Aussi je ne fus pas, je l'avoue, médiocrement mortifié en voyant combien le jeune ouvrier m'était supérieur. Dès que, dans l'Université, nous nous trouvions embarrassés par une difficulté, de quelque nature qu'elle fût, nous courions aussitôt chez notre ingénieur. Tout objet sur lequel son attention était une fois fixée, devenait pour lui une occasion d'études profondes et de découvertes. Jamais il ne lâchait une question qu'après l'avoir entièrement éclaircie, soit qu'il la réduisît à rien, soit qu'il en tirât quelque résultat net et substantiel. Une fois, pour trouver la solution du problème qui lui avait été proposé, il crut nécessaire de lire l'ouvrage de Leupold sur les machines. Il apprit aussitôt l'allemand. Une autre circonstance semblable fut cause qu'il apprit l'italien avec la même facilité.... Le jeune mécanicien se conciliait d'abord, par sa simplicité naïve, la bienveillance de tous ceux qui l'approchaient. Quoique j'aie beaucoup vécu dans le monde, je suis obligé d'avouer qu'il me serait impossible de citer un exemple d'autant d'attachement généralement et sincèrement accordé à une autre personne d'une supériorité incontestée. Il est vrai que, chez Watt, cette supériorité se cachait sous le voile d'une candeur charmante, et qu'elle s'alliait à un désir constant de rendre libéralement justice au mérite d'autrui. C'était même pour lui un plaisir de faire honneur à ses amis de découvertes qui n'étaient souvent que ses propres idées déguisées sous une autre forme. »

Tous ceux qui ont connu James Watt ont parlé de lui avec les mêmes éloges enthousiastes, et l'espèce de culte que ses concitoyens ont conservé pour sa mémoire ne s'adresse pas moins à l'homme qu'au savant. Aussi regrettons-nous vivement que les dimensions de ce travail ne nous permettent pas d'entrer dans les détails de sa vie, de tracer son portrait d'une manière complète. Obligés de nous attacher presque exclusivement aux circonstances qui ont directement trait à l'histoire des découvertes et des progrès de la science et de l'industrie, nous ne saurions pourtant manquer de signaler, en passant, à l'attention de nos lecteurs ce nouvel exemple des sentiments les plus généreux et les plus doux, réunis aux plus belles facultés de l'esprit; et de leur rappeler à ce propos qu'il n'est point de génie vraiment grand qui ne soit en même temps un bon et noble cœur (1).

En 1763, M. Anderson, professeur de physique de la classe

(1) Voir, dans les œuvres d'Arago, l'éloge historique de J. Watt (tome Ier, *Notices biographiques*).

de philosophie naturelle du collége de Glasgow, envoya à Watt un modèle de la machine de Newcomen, qui faisait partie de la collection de machines annexée à cette section de l'Université. Ce modèle, très-beau en apparence, n'avait jamais pu fonctionner. M. Anderson priait l'habile ingénieur de l'examiner, de découvrir et de corriger le vice de construction qui lui rendait le mouvement impossible. Watt eut bientôt reconnu ce vice qui consistait dans une disproportion énorme entre la chaudière et le cylindre. Il réduisit les dimensions de ce dernier organe, et la machine fut dès lors en état de marcher convenablement pour l'usage purement théorique et démonstratif auquel elle était destinée.

Mais Watt n'avait pas gardé cette machine dans son atelier, il n'en avait pas démonté et remonté les pièces, sans en faire le sujet d'une étude raisonnée et de sérieuses méditations. Il avait été frappé à la fois de la simplicité grandiose de l'invention, de la puissance prodigieuse du moteur et de l'imperfection presque grossière du mécanisme. Il comprit que la machine à feu, bien loin de réaliser tout ce qu'on avait le droit d'en attendre, n'était que l'ébauche presque informe d'une œuvre appelée à produire des effets d'une incalculable portée. Il pressentit dès ce moment les modifications et les développements essentiels dont elle était susceptible; et, bien qu'il ne sût pas encore quels ils seraient, il lui suffit d'en concevoir la possibilité pour s'imposer la tâche de les découvrir. Ce nouveau problème, il le comprit aussi, n'était pas, comme ceux qu'il avait eu à résoudre jusqu'alors, une simple affaire de combinaison et d'exécution mécanique. La question était complexe, et exigeait, pour être résolue, une connaissance exacte des lois physiques sur lesquelles reposait l'emploi de la vapeur comme force motrice. La pratique ici était impossible sans la théorie. Aussi Watt n'hésita-t-il pas à entreprendre, avant toute chose, une série de recherches minutieuses sur l'action qu'éprouvent les liquides et les vapeurs de la part du calorique, et sur les relations des phénomènes de ce genre avec les différents degrés de pression auxquels peuvent être soumis les fluides quand leur température s'élève ou s'abaisse. Il parvint ainsi, en se servant pour ses expériences des appareils les plus élémentaires, à la détermination exacte des rapports entre la quantité de charbon employée et la quantité de vapeur obtenue, entre le volume de cette même vapeur et celui du liquide qui l'a produite, etc. Il détermina aussi, en s'appuyant sur la théorie du *calorique latent* développée par Joseph Black, la quantité de chaleur qui se dégage par suite de la condensation d'un volume d'eau déterminé, ce qui le conduisit à évaluer avec précision la quantité d'eau froide nécessaire pour ramener à l'état liquide la vapeur contenue dans un cylindre d'une capacité donnée, et le volume de vapeur dépensé pour chaque coup de piston. Enfin il réussit à évaluer approximativement la force élastique de la vapeur d'après l'élévation de la température.

Une fois en possession de ces principes féconds, il ne manquait à Watt, pour en déduire les applications, que les éléments matériels du travail : du temps et de l'argent. L'exercice de sa profession lui laissait à peine quelques instants de loisir, et comme il était devenu le seul soutien de ses parents, il n'osait point renoncer aux bénéfices modestes, mais assurés, que lui rapportait son humble métier, pour se lancer dans des entreprises dont le résultat pouvait tromper ses espérances. Un heureux événement vint fort à propos lever les difficultés qui réduisaient presque à l'impuissance le génie inventif du savant mécanicien, et retardaient l'exécution de ses grands projets. Il épousa, en 1764, Miss Miller, jeune personne douée des plus aimables qualités, et digne en tout point de la vive affection qu'elle lui inspirait. Watt trouva dans cette union non-seulement ce puissant stimulant que donne aux âmes généreuses la douce pensée de partager avec une épouse, avec une famille chérie, la gloire et les profits de leurs labeurs, mais aussi une aisance qui mettait lui et les siens à l'abri des privations, et leur eût assuré, même en cas d'insuccès, des moyens d'existence rigoureusement suffisants. Dès lors il n'hésita plus à suivre hardiment la voie où l'entraînait l'essor de son esprit. Il quitta définitivement, avec la profession de mécanicien, l'humble boutique qu'il tenait de la libéralité des professeurs de Glasgow. Il se fit ingénieur civil, et commença, dès qu'il fut installé dans son nouvel établissement, des essais qui ne tardèrent pas à amener, pour premier résultat, un perfectionnement considéré jusqu'alors comme irréalisable. On se rappelle que Newcomen et Cawley avaient d'abord arrosé d'eau froide l'extérieur du cylindre pour y faire le vide en condensant la vapeur. Une circonstance fortuite les avait ensuite conduits à injecter l'eau dans l'intérieur même du corps de pompe. Or, bien que ce procédé de condensation fût de beaucoup préférable au premier, il occasionnait encore une déperdition sensible de force, et partant une dépense inutile de combustible. Tout le monde reconnaissait que, pour utiliser toute la vapeur qui arrivait dans le cylindre, il fallait, au lieu de le refroidir, le maintenir au contraire toujours à une température très-élevée et condenser la vapeur dans un autre vaisseau ; mais les plus habiles reculaient effrayés devant les difficultés de ce problème. Watt le résolut d'emblée, en 1765, par une combinaison d'une admirable simplicité. Il fit communiquer, par un tube, la partie inférieure du cylindre avec un vase continuellement entretenu à une basse température par un courant d'eau froide. Le tube était muni d'un robinet qui s'ouvrait dès que le piston était parvenu au bas de sa course. La vapeur se précipitait aussitôt dans le vase ; elle s'y liquéfiait ; le piston se relevait, et immédiatement une nouvelle quantité de vapeur fournie par la chaudière venait le faire retomber, puis passait à son tour dans le vase réfrigérant. Ce vase reçut de l'inventeur le nom de *condenseur isolé*.

Une diminution de moitié dans la consommation du charbon,

et une accélération presque double des mouvements du piston ; tels furent les résultats de cette invention, la plus belle peut-être de toutes celles de James Watt. Mais le célèbre ingénieur ne devait pas s'en tenir à ce premier triomphe. Il s'attaqua au principe même de la machine de Newcomen. On se rappelle que, dans cette machine, la force élastique de la vapeur n'était employée que comme auxiliaire de la pression atmosphérique. Elle servait seulement à soulever le piston, qui retombait aussitôt que le vide se faisait dans la capacité du cylindre, par suite de la condensation de la vapeur. Watt changea complétement cette disposition. Il établit, entre la chaudière et le corps de pompe, un appareil de soupapes et de tuyaux combiné de telle façon, que la vapeur arrivait d'abord par une première ouverture, non pas au-dessous, mais au-dessus du piston. Lorsque celui-ci était parvenu au bas de sa course, une soupape, communiquant avec une autre ouverture ménagée à la partie inférieure du cylindre, permettait à la vapeur de passer au-dessous du piston, et de neutraliser ainsi la pression primitivement exercée sur sa face supérieure. Il était alors ramené au haut de sa course par le contre-poids fixé au balancier ; après quoi la vapeur était derechef introduite par le haut du cylindre, et le piston redescendait, pour remonter encore par le même mécanisme ; et ainsi de suite.

La machine que James Watt fit construire, en 1767, d'après ce système, a reçu depuis le nom de *machine à simple effet*, qui lui a été donné pour la distinguer de la *machine à double effet*, dont nous parlerons tout à l'heure.

Tel qu'il était, le nouveau moteur était assez parfait pour devenir, entre les mains d'un homme habile, l'instrument d'une fortune prodigieuse et d'une révolution complète dans l'industrie. Mais si Watt était doué au plus haut point du génie de la mécanique, il n'avait nullement (nous le disons à sa louange) celui de la spéculation. Il ne possédait pas même ce qu'on nomme communément l'*entente des affaires*. Aussi sa machine fût peut-être longtemps demeurée improductive entre ses mains, ou bien elle eût été accaparée par quelque fripon adroit qui lui eût laissé la gloire en se réservant les profits, si Watt n'eût été assez heureux pour rencontrer, au moment opportun, un industriel, à la fois riche, honnête et intelligent, qui pût se charger de toutes les dépenses qu'exigerait l'exploitation en grand de ses inventions, moyennant une part de moitié dans les bénéfices qu'on en retirerait. Cet industriel s'appellait Matthieu Boulton. Ses propositions furent acceptées par Watt, qui avait déjà conclu précédemment avec un autre capitaliste, M. Roebuck, un marché analogue, dont l'exécution avait été arrêtée au début par la ruine partielle de son associé. Il s'était alors assuré, par un brevet obtenu en 1769, le privilége exclusif de la construction des machines à vapeur perfectionnées ; mais, à l'époque où, après avoir résilié son traité avec M. Roebuck, il en conclut un nouveau avec M. Boulton, son brevet n'était plus valable que pour quelques années. Grâce aux démarches actives de Boulton, les deux associés obtinrent, en 1775, un nouveau privilége dont la durée fut fixée à vingt-cinq ans, par une dérogation tout exceptionnelle aux lois qui régissaient la matière, dérogation fondée sur le mérite extraordinaire de la découverte et de son auteur.

CHAPITRE V

Opérations industrielles de J. Watt et de M. Boulton. — Leurs procès. — Nouvelles inventions de Watt. — La machine à double effet. — Le régulateur à force centrifuge. — La détente de la vapeur. — Dernières années de Watt. — Sa mort. — Honneurs qui lui furent rendus par ses concitoyens.

Munis du précieux talisman que venait de leur octroyer la munificence du gouvernement britannique, Boulton et Watt se mirent à l'œuvre avec cette ardeur que donne la ferme espérance du succès. Le premier possédait, à Soho, près de Birmingham, un vaste établissement où il fabriquait toutes sortes d'objets en argent, en plaqué, en acier, etc. Il convertit une partie de cette manufacture en ateliers pour la construction des machines à vapeur.

Ces machines étaient spécialement destinées à l'épuisement des mines de houille. Le genre de transaction dont elles étaient l'objet mérite d'être cité comme un trait caractéristique du génie anglais, et comme un prodige d'habileté commerciale. Les deux associés donnaient leurs machines; ils se chargeaient de les transporter et de les installer gratis là où l'on en avait besoin; ils les entretenaient à leurs frais; enfin ils achetaient les anciennes machines de Newcomen beaucoup plus cher qu'elles ne valaient. Boulton déboursa ainsi jusqu'à 47,000 livres sterling, soit 1,175,000 francs de notre monnaie. — Mais quoi! Comme remboursement de cette avance énorme et comme salaire de son travail ne demandait-il rien? — Mon Dieu! moins que rien.

Pour tout honoraire, il n'exigeait des acquéreurs que le tiers de la somme économisée annuellement sur le combustible. Il se contentait de cette faible rémunération, qu'il devait encore partager avec son associé. On ne saurait, n'est-il pas vrai, à moins de vouloir se ruiner, pousser plus loin la générosité !... Les propriétaires de mines furent d'abord de cet avis ; ils admirèrent le désintéressement magnifique de Boulton, et ils s'empressèrent à l'envi d'en recueillir les bienfaits, accompagnant leurs commandes de la vive expression de leur gratitude. Mais ils ne furent pas longtemps à s'apercevoir que la prétendue générosité de Boulton n'était qu'un calcul profondément habile, et que chacune des machines ainsi livrées par lui, sous l'apparence de don presque gratuit, était, en réalité, un capital dont il retirait un revenu énorme. On se fera une idée du total de ce revenu, lorsqu'on saura que, pour trois machines employées à l'épuisement des mines de Chacewater, les propriétaires de ces mines payaient à la maison Boulton et Watt une redevance annuelle de 2,400 livres sterling (60,000 francs). Cela supposait, à la vérité, qu'ils réalisaient encore sur le combustible une économie — ou un bénéfice, car c'est tout un — de 4,800 livres ; mais il faut avouer néanmoins que les machines se trouvaient ainsi cotées à un prix élevé. Ce fut bientôt, parmi les acheteurs, un *tolle* général, et ils mirent tout en œuvre pour s'affranchir de cet impôt d'un nouveau genre. Ne pouvant toutefois invoquer aucun prétexte plausible pour rompre des engagements pris en toute liberté, ils imaginèrent d'attaquer la réalité même des découvertes de Watt et la validité de ses brevets.

Les deux associés eurent alors à soutenir une série de procès qui obligèrent Watt à suspendre, pendant plusieurs années, toute recherche et toute expérience mécanique pour s'initier aux secrets de la chicane. Enfin, après une longue lutte, dans laquelle la victoire avait plus d'une fois passé de l'un à l'autre camp, un arrêt irrévocable donna définitivement gain de cause au célèbre ingénieur. C'était en 1799 : son brevet n'avait plus alors qu'une année à courir ! Aussi se félicitait-il ironiquement à ce propos « d'être né dans un pays où il ne fallait que trente-cinq ans et une douzaine de procès pour assurer à un citoyen la récompense de son travail. »

Il n'avait retrouvé qu'en 1776 assez de loisir et de calme pour reprendre ses travaux. Ce fut alors qu'il créa la machine *à double effet*. Déjà, dans la machine *à simple effet*, il avait, en permettant à la vapeur de pénétrer dans la partie inférieure du corps de pompe, lorsque le piston avait été précipité au bas de sa course, réduit à néant le rôle de la pesanteur atmosphérique. Mais, dans cette première combinaison, l'introduction de la vapeur au-dessous du piston ne faisait que rétablir l'équilibre de pression. Le contre-poids suspendu au balancier, comme dans la pompe à feu de Newcomen, était encore nécessaire pour relever le piston, et l'effet utile ne se produisait que pendant l'oscillation descendante. Ce n'était plus une machine atmosphérique, mais ce n'était pas encore la véritable machine à vapeur telle que nous la voyons fonctionner aujourd'hui. La machine *à double effet* réalisa ce perfectionnement essentiel du puissant moteur. La vapeur, dirigée tour à tour au-dessus et au-dessous du piston, produisit seule le mouvement de haut en bas et celui de bas en haut; les contre-poids furent supprimés, et l'effet utile fut doublé, en même temps que la machine était débarrassée des lourds et volumineux engins qui rendaient naguère sa construction plus coûteuse, ses allures plus pesantes et son mécanisme plus compliqué.

A cette modification fondamentale dans l'appareil générateur du mouvement, Watt en fit succéder plusieurs dans la disposition et la construction des pièces accessoires. C'est ainsi que, pour transmettre le mouvement du piston au balancier, il imagina le *parallélogramme articulé;* que, pour transformer le mouvement rectiligne en mouvement circulaire, il adapta au balancier et au volant la manivelle si anciennement connue et employée par les remouleurs, et qu'il parvint à régulariser le mouvement, à l'aide du *régulateur à force centrifuge*, dont l'efficacité est telle, qu'un mécanicien de Manchester, M. Lee, put, il y a quelques années, l'appliquer avec succès à une pendule, dont la marche ne le cédait point en régularité à celle du plus grand nombre des pendules à ressort et à balancier dont nous faisons usage. Enfin une dernière découverte que nous devons signaler est celle du procédé qui consiste à fermer à la vapeur l'entrée du corps de pompe, lorsque le piston est arrivé seulement à la moitié ou aux deux tiers de sa course. Il l'achève aisément par l'effet de la vitesse acquise et de la dilatation ou *détente* de la vapeur, dont on dépense de la sorte une quantité du tiers ou de moitié moindre que dans le système antérieur. A cet avantage économique, l'emploi de la détente joint encore celui de rendre uniforme le mouvement du piston, qui est accéléré dans les machines sans détente.

Telles sont les découvertes qui, accomplies par le génie de Watt, dans un espace d'environ quarante années, ont accru tout à coup, dans des proportions incalculables, la puissance de l'homme et la prospérité des nations civilisées. Quelque juste tribut d'hommages que mérite la mémoire de celui qui, le premier, imagina de faire servir la force élastique de la vapeur à la production du mouvement, on ne saurait méconnaître l'énorme différence qui sépare l'appareil embryonnaire inventé par Papin, et même celui déjà plus complet que construisirent après lui les deux artisans de Darmouth, de la machine si admirable, si parfaite et si universellement applicable que nous a léguée James Watt. Mettant donc de côté tout amour-propre national, et nous plaçant au large point de vue du seul sentiment qu'on doive écouter lorsqu'il s'agit d'apprécier avec justice les œuvres de cette portée, nous ne ferons nulle difficulté de proclamer, avec les compatriotes de James Watt, l'incontestable supériorité de ce grand homme auquel on doit, non l'invention, mais l'organisation, et partant la véritable création de la machine à vapeur.

Il lui fut donné d'être témoin, durant les paisibles années de sa glorieuse vieillesse, des bienfaits immenses dont ses découvertes étaient la source pour sa patrie, et de prévoir ceux qu'elles devaient bientôt répandre sur le monde entier.

En l'année 1800 expiraient à la fois son brevet et son traité avec M. Boulton. Les deux associés avaient chacun un fils qu'ils avaient admis, en 1794, à partager leurs travaux et leurs bénéfices, et qu'ils substituèrent en leur lieu et place; de sorte que la grande usine de Soho, qu'ils avaient fondée, changea de mains sans changer de *raison sociale*. Ce fut, c'est encore aujourd'hui la maison James Watt et Boulton, la fabrique de machines à vapeur la plus renommée des trois royaumes, et peut-être de toute l'Europe.

Watt se retira dans la terre de Heathfield, située près de Soho, qu'il avait acquise en 1790. Il y passa le reste de ses jours, entouré de sa famille et d'un petit nombre d'amis, et il y mourut le 25 août 1819, à l'âge de quatre-vingt-trois ans. Son corps fut inhumé dans l'église paroissiale de Heathfield. Son fils lui fit ériger un monument gothique orné d'une statue en marbre. Une autre statue, œuvre, comme la précédente, du sculpteur Chantrey, fut mise, également par les soins de M. Watt fils, dans une des salles de l'Université de Glasgow. Les habitants de cette même ville en firent dresser une troisième sur la place Saint-Georges, une des principales de Glasgow. Celle-ci, de proportions colossales, est en bronze et posée sur un socle de granit. Une quatrième statue fut élevée au grand mécanicien par les habitants de Greenock, sa ville natale. Enfin, en 1824, une souscription fut ouverte dans toute la Grande-Bretagne, pour décerner à la mémoire de James Watt un hommage éclatant et vraiment national. Cette souscription produisit en peu de temps une somme considérable. Le nom du roi lui-même figurait en tête de la liste, et l'abbaye de Westminster, à Londres, fut désignée comme le lieu le plus propre à recevoir le monument qui devait éterniser le témoignage de la gratitude publique. Le soin de reproduire, à l'aide du ciseau, les traits de James Watt fut confié de nouveau à Chantrey, qui s'en acquitta dignement. La statue qui figure à Westminster est généralement considérée comme un des chefs-d'œuvre de cet artiste. L'inauguration eut lieu solennellement, sous la présidence du premier ministre lord Liverpool, au milieu d'une foule de personnages distingués : pairs d'Angleterre, députés des communes, savants, artistes, magistrats, représentants du commerce et de l'industrie. L'inscription qu'on lit sur ce monument fut composée par lord Brougham ; elle exprime en termes éloquents la reconnaissance de l'Angleterre pour celui qui, « dirigeant la force d'un génie original, exercé de bonne heure aux recherches scientifiques, vers le perfectionnement de la machine à vapeur, sut multiplier les ressources de son pays, augmenter la puissance de l'homme, et s'élever à un rang éminent parmi les plus illustres adeptes de la science et les vrais bienfaiteurs de l'humanité. »

CHAPITRE VI

La machine à basse pression. — La machine à haute pression. — Leupold. — Olivier Evans. — Vie et travaux de ce dernier. — Importance de sa découverte.

Les machines de Watt, appelées aussi machines *à condenseur* ou *à basse pression*, sont encore celles dont on fait généralement usage de nos jours dans l'industrie, pourvu qu'on dispose d'un espace assez vaste pour les installer, et de la quantité d'eau nécessaire pour opérer la condensation de la vapeur. Dans le cas contraire, on emploie la machine *sans condenseur* ou *à haute pression*, dont nous allons faire connaître l'origine et le principe fondamental.

On se rappelle que la difficulté de faire le vide dans le corps de pompe, presque aussitôt après l'introduction de la vapeur, avait longtemps arrêté les progrès de la machine à feu. On ne voyait d'autre moyen que de condenser la vapeur, et l'on considérait presque comme impossible de la condenser hors du cylindre. Ce fut en aplanissant cette difficulté, par l'invention du condenseur isolé, que J. Watt frappa d'abord d'étonnement et d'admiration tous ceux qui avaient vainement essayé avant lui de résoudre le problème. Ce problème comportait cependant une autre solution plus simple encore, dont, comme de juste, les plus habiles ne s'étaient point avisés, et que Watt lui-même n'avait fait qu'entrevoir vaguement. Elle consistait à envoyer tout bonnement la vapeur se condenser dans l'air après avoir produit son effet. Dès 1725, c'est-à-dire quarante ans avant les premières découvertes de Watt, le mécanicien allemand Leupold avait émis très-explicitement l'idée d'un appareil disposé de telle manière que la vapeur, introduite par des robinets dans deux cylindres placés l'un auprès de l'autre, fût rejetée au dehors par d'autres conduits, aussitôt qu'elle aurait servi à soulever les pistons. Faute de ressources qui lui permissent de donner à son système la sanction de l'expérience, Leupold, comme tant d'autres inventeurs ingénieux, avait dû se borner à en publier un exposé théorique qui avait passé presque inaperçu, et dont, il faut l'avouer, l'état peu avancé de la science, à l'époque où il fut publié, rendait la mise en pratique à peu près impossible. Mais vers la fin du xviiie siècle, tandis que les machines à condenseur opéraient en Angleterre la grande révolution industrielle dont nous avons retracé les principales circonstances, un simple ouvrier charron, nommé Olivier Evans, prenait, dans le nouveau monde, l'initiative d'une révolution analogue, et dont les résultats devaient exercer une influence non moins féconde sur les progrès de la civilisation.

Doué, comme son célèbre émule, d'une aptitude extraordinaire pour les combinaisons mécaniques, mais complétement privé des bienfaits de l'instruction et de la fortune, Olivier Evans exerçait à Philadelphie son humble profession d'artisan, lorsque la vue d'un jeu, fort en honneur parmi les enfants de son pays, lui suggéra, sur le parti qu'on pouvait tirer de la force élastique de la vapeur d'eau, des idées dont il était loin de soupçonner que la réalisation fût, de l'autre côté de l'Atlantique, aussi avancée qu'il l'apprit bientôt.

Le jeu dont il s'agit, désigné aux États-Unis sous le nom de *Pétards de Noël*, ressemble singulièrement à la prétendue expérience du marquis de Worcester. Il consiste à charger avec de l'eau, au lieu de poudre, un canon de fusil dont on a bouché la lumière, et à l'exposer pendant quelques instants à l'action d'un feu de forge, ce qui ne tarde pas à donner lieu à une explosion violente. Evans rêvait alors aux moyens de remplacer la force du vent et celle de l'eau par quelque autre plus énergique et d'une application plus générale. Ce phénomène fut pour lui un trait de lumière et le mit aussitôt sur la voie des recherches qui devaient le conduire à l'une des plus belles inventions modernes.

Le désir de s'instruire lui fit lire avidement tout ce qu'il put trouver de livres traitant de physique et de mécanique. Il acquit ainsi, à l'aide de volumes dépareillés qu'il parvint à se procurer, quelques notions sur l'ancienne machine atmosphérique et sur les perfectionnements dont elle venait d'être l'objet. Loin de s'abandonner au découragement en se voyant devancé, il se mit à étudier avec ardeur les dispositions et le jeu de cette machine, et ne songea plus qu'à faire mieux encore qu'on n'avait fait avant lui.

Après quelques essais, il construisit une machine où la vapeur agissait avec une pression de plusieurs atmosphères, et redevenait libre en sortant du cylindre. Ce système nécessitait, à la vérité, une plus grande consommation de combustible ; mais la simplification du mécanisme, le volume et le poids, relativement moindres, de la machine, le peu de place qu'elle occupait, compensaient largement ce surcroît de dépense.

Dans beaucoup de cas, la machine d'Evans devait être préférée à celle de Watt. Toutefois le moment n'était pas venu où l'on pouvait apprécier ses avantages, dont le principal est d'avoir rendu la force motrice de la vapeur applicable à la navigation et aux transports par terre. Evans, comme nous le verrons plus loin, aperçut tout de suite, avec la perspicacité d'un esprit lumineux et hardi, la possibilité de cette dernière application de son système ; mais il dépensa sans succès son temps, sa peine et son argent pour la réaliser, et il fut obligé, en définitive, de s'en tenir à un genre d'entreprises plus en rapport avec les idées de son époque. En 1782, il avait construit des moulins à farine mus par des machines à haute pression, et qui, répondant à un besoin universel et de premier ordre, furent beaucoup plus appréciés que ne l'avaient été ses chariots à vapeur. En quelques années ils furent adoptés généralement dans toute l'Union, où ils rendirent et rendent encore d'immenses services. Peu à peu les autres industries suivirent l'impulsion une fois donnée, et les usines qu'Olivier Evans avait fondées à Philadelphie et à Pittsbourg acquirent dans le nouveau monde une popularité comparable à celle dont jouissait en Europe l'établissement de Watt et de Boulton. Bientôt même il surgit, entre le système anglais et le système américain, une rivalité que l'amour-propre national contribua singulièrement à entretenir, et qui s'opposa longtemps à l'introduction de la machine à haute pression en Angleterre, et réciproquement.

En 1819, l'usine de Pittsbourg, dont Evans avait confié la direction à son fils, devint la proie d'un incendie qui détruisit pour plus de cent mille francs de machines. Le malheureux ingénieur mourut en quatre jours des suites de la commotion que lui avait fait éprouver la nouvelle de ce désastre. Depuis lors, son système reçut dans le monde entier une extension prodigieuse; sa machine a passé l'Atlantique; elle a conquis en Europe son droit de cité; elle est devenue le principe actif des communications rapides et multipliées qui se sont établies entre les peuples les plus éloignés les uns des autres. Mais le nom du pauvre ouvrier charron qui, sans instruction première, sans appui, sans encouragements, sans autre stimulant que les difficultés mêmes de ses entreprises, sut, par la force de son génie et de son indomptable persévérance, non-seulement mettre au jour et répandre les idées dont nous recueillons aujourd'hui les bienfaits, mais encore les faire passer dans la pratique, et contraindre, pour ainsi dire, ses contemporains à en proclamer l'excellence, ce nom est à peine connu parmi nous !.. Ainsi va le monde : il ne semble pas y avoir place, dans une même époque, pour deux grands hommes poursuivant le même but ; encore qu'ils l'atteignent tous deux, la voix publique s'obstine à ne reconnaître qu'un seul vainqueur, et refuse de partager entre les deux jouteurs le prix de la lutte. La gloire de l'inventeur américain a pâli devant celle de James Watt ; peut-être eût-elle été entièrement et pour jamais effacée, si Evans n'eût eu le bonheur de naître au delà des mers, sur une terre rivale de celle qui donna le jour à son heureux émule !

CHAPITRE VII

Description de la machine à vapeur et des principales pièces qui la composent. — Chaudière. — Appareils de sûreté. — Le tiroir. — Cylindres et pistons. — Condenseur. — Parallélogramme articulé. — Balancier. — Régulateur à force centrifuge. — Volant. — Pompe alimentaire. — Pompe à air.

La machine de Watt et celle d'Olivier Evans, furent portées graduellement, par ces deux grands mécaniciens, à un degré de perfection qu'il était difficile de dépasser. Toutefois on comprendra sans peine que, si les mêmes organes constitutifs doivent se retrouver dans toutes les machines à vapeur, ces organes comportent, quant à leurs dimensions, quant à leur forme et quant à leur mode de fonctionnement, plusieurs modifications, et qu'il en est de même, à plus forte raison, des organes accessoires : certains de ces derniers, dans bien des cas et selon le genre de travail que la machine doit exécuter, peuvent être supprimés ; d'autres peuvent être ajoutés.

Il nous est impossible de donner ici la description détaillée des différents systèmes de machines à vapeur qui ont été proposés depuis le commencement de ce siècle, et qui ont reçu dans l'industrie une application plus ou moins étendue. Nous n'écrivons pas un ouvrage technique, mais une simple notice historique, où la partie descriptive ne peut occuper qu'une place très-restreinte. Nous nous bornerons donc à compléter l'exposé qui précède, par quelques notions tout à fait élémentaires sur la construction et le jeu du type générique de la machine à vapeur ; nous dirons, en passant successivement en revue les pièces qui le composent essentiellement, quelles sont la nature et l'importance du rôle rempli par chacune d'elles dans l'ensemble de l'appareil. Nos lecteurs auront ainsi, de la machine qui nous occupe, une idée suffisante pour se rendre compte des effets qu'on en obtient, et pour que, s'ils veulent quelque jour se livrer à une étude plus sérieuse et plus complète de cette merveilleuse invention, ils y trouvent à la fois plus d'intérêt et plus de facilité.

Les principaux éléments de la machine à vapeur sont:

1° La *chaudière*;

2° Les *appareils de sûreté*;

3° Le *tiroir*;

4° Le *cylindre* et son *piston*;

5° Le *condenseur*;

6° Le *parallélogramme articulé*;

7° Le *balancier*;

8° Le *régulateur à force centrifuge*;

9° Le *volant*;

10° La *pompe alimentaire*;

11° La *pompe à air*.

I. CHAUDIÈRE OU GÉNÉRATEUR. C'est le vaisseau où l'on fait bouillir l'eau qui fournit la vapeur destinée à mettre la machine en mouvement. Les premières chaudières étaient hémisphériques. Watt leur donna une forme qui les fit appeler chaudières *prismatiques* ou *à tombeau*. Elles étaient allongées, concaves au fond, verticales sur les côtés, convexes à la partie supérieure. A ces chaudières ont succédé les chaudières cylindriques; puis, comme la quantité de vapeur fournie par une chaudière dans un temps donné dépend, non de sa capacité ni de la quantité d'eau qu'on y a mise, mais de la surface plus ou moins étendue qu'elle présente à l'action du feu, on parvint à réaliser cette condition en construisant les chaudières à *bouilleurs*, dont l'emploi est général aujourd'hui. Les bouilleurs sont des cylindres de petit diamètre, placés horizontalement au-dessous de la chaudière, avec laquelle ils communiquent par des tubes larges et courts. L'eau qui remplit ces cylindres et s'élève à une certaine hauteur dans le corps de la chaudière principale, offre à l'action calorifique du foyer une surface considérable, et arrive ainsi promptement à l'ébullition. En vertu du même principe, on donne aux chaudières une longueur de cinq, six et jusqu'à dix fois leur diamètre. Ce diamètre ne doit pas excéder un mètre; et lorsqu'une seule chaudière ne suffit pas à produire la quantité de vapeur dont on a besoin pour obtenir un effet voulu, on en emploie deux ou trois, plutôt que de dépasser les dimensions convenables. Outre les diverses ouvertures par lesquelles elles communiquent avec les autres pièces de la machine, les chaudières de grande dimension étaient autrefois pourvues d'un orifice pratiqué à la partie supérieure, assez large pour livrer passage à un homme, et appelé pour cette raison le *trou à l'homme*. C'est par là, en effet, qu'un ouvrier pénétrait tous les quinze ou vingt jours dans l'intérieur, pour enlever le dépôt terreux qui s'y formait durant cet intervalle. On s'est affranchi depuis de cette sujétion, premièrement par l'invention des bouilleurs, qui, supportant la plus vive action du feu, sont les plus sujets à s'encrasser et à se détériorer, et qu'on change lorsqu'ils ne sont plus en bon état; deuxièmement, en prévenant, d'une manière à peu près complète, la formation du dépôt, par l'addition, dans le liquide, de corps étrangers, tels que du son ou de la râclure de pommes de terre, qui empêchent les sels calcaires de s'agréger et d'adhérer aux parois du générateur.

Les anciennes chaudières étaient en fonte plus ou moins épaisse; mais le peu de résistance de cette matière, toujours d'une texture inégale et grenue, l'a fait généralement abandonner; l'usage en est même formellement interdit dans la marine et sur les chemins de fer. On a employé aussi le cuivre, auquel on a de même bientôt renoncé à cause de son prix trop élevé. Aujourd'hui, la tôle en plaques solidement rivées les unes aux autres est à peu près seule employée pour la construction des chaudières ; elle réunit l'avantage d'un prix modéré, celui d'une inaltérabilité suffisante et d'une grande ténacité.

II. Appareils de sureté. Durant les premières années qui suivirent l'invention des machines à vapeur et leur adoption dans l'industrie, on eut fréquemment à déplorer des accidents funestes causés par l'explosion des chaudières. Les ingénieurs s'occupèrent alors de rechercher avec attention les causes de ces accidents et les moyens de s'en préserver. Or la cause pouvait consister en ce que la vapeur, trop chauffée, dépassait le degré de pression que la chaudière avait été destinée à supporter. Mais ce cas était assez rare. Les explosions avaient lieu le plus souvent lorsque, par suite d'une interruption dans le jeu de la pompe alimentaire, ou par la négligence du chauffeur, le niveau de l'eau venait à s'abaisser au point que les parois du générateur se trouvassent, sur une certaine étendue, en contact *à vide* avec la flamme ardente du foyer. Le métal était alors porté à une température excessive ; un grand volume de vapeur se formait rapidement aux dépens de la petite quantité d'eau restée dans la chaudière, et pressait violemment les parois, qui, dilatées inégalement, quelquefois même amollies par la chaleur intense du foyer, cédaient à son effort, s'entr'ouvraient et se déchiraient sur un ou plusieurs points. L'eau, n'étant plus comprimée et se trouvant à une température bien plus élevée que celle où elle entre normalement en ébullition, achevait de se vaporiser tout à coup, et cette explosion pouvait produire les plus terribles effets. Il était donc nécessaire, premièrement, de se mettre en garde contre les pressions excessives de la vapeur ; deuxièmement, de faire en sorte que le niveau de l'eau se maintînt toujours à une hauteur convenable ; troisièmement, il fallait que le chauffeur et le mécanicien fussent constamment informés de l'état intérieur de la machine, sous ce double rapport, et qu'au besoin les appareils mêmes adaptés à la chaudière pussent, en cas de négligence de la part des ouvriers, fonctionner seuls, et, pour ainsi dire, spontanément, de manière à prévenir tout accident.

Ces conditions de sécurité ont été heureusement réalisées par l'adoption successive de certaines dispositions, indiquées tant par la théorie que par l'expérience, et qui ont réduit à néant les chances d'explosion dans les machines bien construites et manœuvrées avec quelque soin.

On prévient les accidents qui seraient causés par une pression trop forte, à l'aide de la *soupape de sûreté* et des plaques ou *rondelles fusibles*.

La *soupape de sûreté*, inventée par Papin, avait été appliquée dès 1717, par le physicien Désaguliers, à la pompe de Savery. Newcomen et Cawley l'adoptèrent aussi pour leur machine atmosphérique, et depuis lors elle n'a jamais cessé de figurer sur les chaudières à vapeur. C'est un tampon ou obturateur mobile, fermant hermétiquement un tube vertical qui surmonte la chaudière et communique librement avec l'intérieur. Cet obturateur est maintenu à l'aide d'un levier, à l'extrémité duquel est suspendu un poids calculé de manière à résister à la pression de la vapeur, tant que cette pression ne dépasse point une limite déterminée; au delà de cette limite, la vapeur soulève la soupape, se fraie un passage et s'échappe au dehors jusqu'à ce que sa tension soit redevenue inférieure à la pression du levier.

Cet appareil serait contre les explosions de chaudières à vapeur un préservatif infaillible, si les mécaniciens ne s'avisaient parfois, pour obtenir une plus grande vitesse, de paralyser son action en ajoutant un surcroît de poids à l'extrémité du levier. Les peines sévères portées contre ces actes de coupable imprudence n'ayant pas réussi à les prévenir, les règlements exigent que toute chaudière employée pour le service des chemins de fer et des bateaux à vapeur soit munie de deux soupapes de sûreté, dont une doit être enfermée à clef dans une boîte ayant seulement une ouverture pour permettre à la vapeur de s'échapper. Il paraît que les capitaines des bateaux à vapeur et les conducteurs de trains ne veillent pas toujours à la stricte exécution de cette sage ordonnance.

Les *rondelles fusibles* sont des obturateurs fixes, qui bouchent de petits trous pratiqués à la partie supérieure de la chaudière. Elles sont faites d'un alliage dont l'invention est due au chimiste Darcet; cet alliage, formé de plomb, d'étain et de bismuth, a la propriété d'entrer en fusion à une température plus basse que ne fait aucun des métaux simples aujourd'hui connus. Son point de fusion, d'ailleurs, s'élève ou s'abaisse selon les proportions du mélange. Il est donc facile de le composer de telle sorte que la vapeur, dès que sa température s'élève au-dessus du degré correspondant au maximum de pression que la chaudière doit supporter (1), liquéfie le métal et s'ouvre d'elle-même une issue qui laisse un libre cours à sa force expansive.

Si sûr et si commode qu'il paraisse au premier abord, l'emploi des rondelles fusibles présente de graves inconvénients qui l'ont fait généralement abandonner. Premièrement, le métal, à une température bien inférieure à son point de fusion, se ramollit assez pour ne plus offrir une résistance suffisante à la force de la vapeur, qui s'échappe ainsi avant d'avoir atteint son maximum de pression. En second lieu, tandis que la soupape de Papin se referme après que la chaudière s'est débarrassée de son trop-plein de vapeur, la soupape en métal fusible, une fois ouverte, ne se rebouche point: toute la vapeur s'échappe en peu d'instants par son orifice béant; le jeu de la machine se trouve ainsi définitivement arrêté, et l'on est alors, dans un grand nombre de cir-

---

(1) Il existe, entre la température de la vapeur d'eau et sa force élastique, un rapport constant dont les termes ont été expérimentalement déterminés avec une parfaite exactitude par les soins de l'Académie des sciences de Paris. Ainsi la température de 100 degrés correspond à une atmosphère; celle de 112° à une atmosphère et demie; celle de 122° à 2 atmosphères; celle de 145° à 4 atmosphères, etc.

constances, exposé à des accidents non moins graves que ceux qui résulteraient d'une explosion.

Nous avons dit combien il est important que le niveau de l'eau se maintienne toujours dans la chaudière au-dessus de la ligne où s'arrête le contact des parois extérieures avec les flammes du foyer. Cette condition de sécurité pourrait, à la rigueur, être considérée comme suffisamment remplie par la pompe alimentaire, dont le jeu est réglé de façon que le générateur reçoit sans cesse des quantités d'eau sensiblement égales à celles qu'il transforme en vapeur. Toutefois, afin que, si cette partie de la machine éprouvait quelque dérangement, le mécanicien en soit immédiatement averti, on a recours à certains appareils qui lui permettent d'observer les moindres fluctuations du niveau de l'eau, avec autant de facilité que si les parois de la chaudière avaient la transparence du cristal. Ces appareils sont : 1° les *indicateurs du niveau de l'eau;* 2° le *flotteur ordinaire;* 3° le *flotteur d'alarme.*

Il existe différents indicateurs du niveau de l'eau; nous décrirons seulement celui qu'on emploie de préférence comme le plus simple et le plus exact. C'est un tube de verre maintenu verticalement contre le flanc de la chaudière, avec laquelle il communique par son extrémité inférieure. L'eau étant nécessairement dans ce tube à la même hauteur que dans la chaudière, un coup d'œil suffit au mécanicien pour s'assurer si le niveau s'élève ou s'abaisse.

Le flotteur ordinaire remplit d'une autre manière la même fonction. C'est un disque en bois ou en liége qui nage sur le liquide. Ce disque est surmonté d'une tige métallique très-déliée qui traverse à frottement doux la partie supérieure de la chaudière, et se meut verticalement sur une échelle graduée indiquant en centimètres et en millimètres la hauteur occupée par l'eau dans le générateur.

L'utilité des moyens d'observation que nous venons de décrire disparaît, si le mécanicien néglige d'en faire usage, s'il se laisse aller au sommeil ou à des distractions trop prolongées. Dans ce cas la pompe pourrait s'arrêter, le liquide ne point se renouveler, et la chaudière éclater sans qu'il fît rien pour l'empêcher. Aussi, pour parer à cette redoutable éventualité, a-t-on coutume d'ajouter à l'indicateur du niveau de l'eau et au flotteur ordinaire un troisième appareil qui doit, au besoin, rappeler le mécanicien à l'accomplissement de son devoir en lui signalant l'imminence du péril. Cet appareil porte le nom sinistre de *flotteur d'alarme*. C'est une boule creuse fixée à l'une des extrémités d'un levier qui porte un contre-poids à son autre extrémité. Ce levier, suspendu dans l'intérieur de la chaudière, est mobile, dans un plan vertical, autour de son point de suspension. Il porte un obturateur, qui s'engage dans l'orifice d'un tube métallique traversant la paroi supérieure de la chaudière, et se terminant en haut par une ouverture annulaire. Immédiatement au-dessus de cette ouverture est adapté un timbre, dont la circonférence est égale à la sienne. La boule creuse reposant sur le liquide, lorsque celui-ci est à une hauteur convenable, le levier maintient l'obturateur dans le tube; si, au contraire, l'eau vient à s'abaisser au-dessous du niveau qu'elle doit occuper, le levier s'abaisse aussi; le tube, se trouvant débouché, livre passage à un jet de vapeur qui s'élance par l'ouverture annulaire, rencontre le contour aigu du timbre, et, par un sifflement significatif, avertit le mécanicien de pourvoir sans délai au salut de la machine.

III. Tiroir. Pour diriger alternativement la vapeur au-dessus et au-dessous du piston, Watt, dans sa machine *à double effet*, se servait, comme dans la première, dite *à simple effet*, de soupapes qui s'ouvraient et se refermaient tour à tour. Dans les premières années de notre siècle, l'ingénieur Edward remplaça ce système défectueux et compliqué par l'appareil qu'on désigne sous le nom de *tiroir*.

Une tubulure amène la vapeur de la chaudière dans une boîte

rectangulaire en fonte, fixée sur le cylindre. Dans la paroi de ce dernier sont pratiqués trois orifices, dont le premier communique avec la partie supérieure du cylindre, le second avec la partie inférieure, le troisième, intermédiaire, avec le condenseur. C'est sur ces trois orifices que glisse la pièce appelée *tiroir* ou *glissière*. Elle est fixée à une tige, articulée à une autre plus grande qui est animée d'un mouvement de va-et-vient. Lorsque le tiroir est au haut de sa course, l'orifice inférieur est ouvert, et la vapeur pénètre au-dessous du piston. Celui-ci, poussé de bas en haut, refoule dans le condenseur, par l'orifice intermédiaire, la vapeur qui se trouvait au-dessus de lui. Si, au contraire, le tiroir est au bas de sa course, c'est l'orifice supérieur qui laisse entrer la vapeur, et l'orifice inférieur qui se ferme, de sorte que le piston redescend; et ainsi de suite à chaque déplacement de la glissière.

Les tiges qui font jouer celle-ci reçoivent le mouvement de l'*excentrique*. L'excentrique est une pièce circulaire fixée à l'arbre de couche, mais de manière que son centre ne coïncide pas avec l'axe de cet arbre. Il tourne à frottement doux dans un collier qui, suivant sans tourner le mouvement de l'excentrique, en reçoit, dans la direction horizontale, un mouvement alternatif qu'il communique, par une double tringle, à un levier coudé fixé à l'extrémité de celle-ci, et de là aux tiges mobiles en prise avec la glissière.

IV. Cylindre et piston. Nous n'avons rien à ajouter relativement à ces deux pièces, dont le rôle dans l'ensemble de la machine est suffisamment indiqué par ce qui en a été dit précédemment.

V. Condenseur. C'est un vase ordinairement placé au-dessous du cylindre, avec lequel il communique comme nous venons de le voir. Il est incessamment parcouru par un courant d'eau froide qu'on tire d'une source ou d'un cours d'eau voisin au moyen d'une pompe aspirante et foulante mise en mouvement par la machine elle-même.

VI. Parallélogramme articulé. Cette pièce est fixée à l'extrémité de la tige du piston, à laquelle elle a pour but de conserver un mouvement rectiligne pendant sa course. Une des bielles qui forment les côtés du parallélogramme est articulée : 1° avec la tige du piston, et avec une autre bielle verticale faisant suite à cette tige; 2° avec un levier rigide relié à un centre fixe autour duquel il peut décrire un arc de cercle, et avec un troisième côté du parallélogramme. Le quatrième côté fait partie du grand diamètre du balancier. Lorsque celui-ci est poussé de bas en haut par l'élévation de la tige du piston, comme il est fixé par son milieu à un axe immobile, il tend à se mouvoir suivant une ligne courbe; mais le levier auquel il est relié par l'autre côté vertical du parallélogramme tend de son côté à lui faire suivre l'arc de cercle qu'il décrit dans un sens opposé. Or la position du centre fixe autour duquel se meut le levier est choisie de telle sorte, que ces deux mouvements circulaires se neutralisent et se combinent en une direction moyenne sensiblement rectiligne. Le côté du parallélogramme qui fait suite à la tige du piston se meut donc verticalement comme celle-ci, et communique à l'extrémité du balancier les impulsions alternatives de bas en haut et de haut en bas qu'elle reçoit de cette même tige.

Dans les machines à haute pression, le parallélogramme disparaît nécessairement avec le balancier, et ces deux pièces sont remplacées par une simple bielle en prise avec l'arbre de couche. Pour empêcher que la tige du piston ne soit déviée de son mouvement rectiligne par la résistance oblique qu'elle éprouve de la part de cette bielle, on fixe de chaque côté des coulisses parallèles, entre lesquelles elle glisse au moyen d'une roulette dont son extrémité est munie, et qui la maintiennent forcément dans la ligne droite malgré les oscillations de la bielle.

VII. BALANCIER. Le balancier est une pièce en fer, ayant la forme d'une ellipse très-allongée, traversée dans l'un et l'autre sens par deux tringles également en fer, représentant son grand et son petit diamètre, et dont par conséquent le point d'intersection marque le centre de l'ellipse. C'est par ce centre que le balancier est fixé à un axe porté par une tige immobile, sur laquelle il se meut dans un plan vertical. Une de ses extrémités tient, comme on vient de le voir, au parallélogramme articulé ; l'autre communique avec une bielle en prise, par une manivelle, avec l'arbre de couche qui communique le mouvement aux divers rouages de la machine.

VIII. Régulateur a force centrifuge. Cet ingénieux appareil, dû au génie de Watt qui lui avait donné le nom de *gouverneur*, est destiné à régulariser le jeu du piston en augmentant ou diminuant, selon le besoin, la quantité de vapeur introduite dans le cylindre. Il est fondé sur les effets bien connus de la force dite *centrifuge*, qui tend à éloigner du centre toutes les molécules d'une masse quelconque tournant sur elle-même, et cela avec d'autant plus de force que le mouvement de rotation est plus rapide. Une plaque mobile est disposée dans le tuyau qui conduit la vapeur de la chaudière dans le cylindre. Elle communique, en dehors de ce tuyau, avec une manivelle verticale portée par l'un des bouts d'un levier horizontal se terminant à l'autre bout par un anneau qui embrasse une tige verticale creuse, traversée du haut en bas par une autre tringle pleine et fixe. La tige creuse est munie à sa partie inférieure d'une poulie, autour de laquelle s'enroule une courroie sans fin communiquant avec l'arbre de la machine ; à sa partie supérieure est adapté le régulateur lui-même. Il se compose de deux leviers se croisant sur la tige creuse, et s'articulant, au delà du point d'intersection, avec deux petites bielles qui se rejoignent et s'articulent de nouveau sur la même tige, immédiatement au-dessous de l'anneau du levier horizontal. Chacun de ces deux leviers porte à son extrémité deux boules métalliques où le mouvement s'accumule de manière à rendre plus sensibles les effets de la force qu'on veut utiliser.

Supposons maintenant que la quantité de vapeur introduite dans le cylindre soit trop grande, et par conséquent le mouvement de la machine trop rapide. Ce mouvement se transmettra par la courroie sans fin à la poulie, et de là au régulateur. Alors, en vertu de la force centrifuge, les boules s'écartant de la tige verticale, les extrémités supérieures des leviers s'en écarteront aussi, et forceront les petites bielles auxquelles ils sont articulés à glisser de haut en bas. Le levier horizontal, suivant ce mouvement, fera jouer la manivelle et fermera la soupape ; la communication entre la chaudière et le cylindre sera partiellement interceptée; la quantité de vapeur admise dans ce dernier sera diminuée en proportion, et le mouvement de la machine se ralentira.

Si, au contraire, ce mouvement était trop lent, l'effet inverse aurait lieu. Les boules, faiblement sollicitées par la force centrifuge, se rapprocheraient de la tige verticale; les leviers croisés, au lieu d'abaisser le levier horizontal, le soulèveraient; et la soupape, s'ouvrant toute grande, laisserait pénétrer dans le cylindre une abondance de vapeur qui accélèrerait le jeu de la machine.

IX. Volant. C'est une grande roue en fer qui a pour axe l'arbre de la machine, et pour fonction d'en régulariser le mouvement, en le répartissant sur une masse considérable, éloignée du centre d'action.

X. Pompe alimentaire. Cette pompe puise de l'eau dans le réservoir, et la refoule dans la chaudière. Son jeu est réglé de façon que la quantité d'eau injectée dans le générateur remplace exactement celle qui se perd par l'évaporation. La pompe alimentaire est aussi indispensable aux machines à haute pression qu'aux machines à basse pression; mais elle est mise en mouvement dans les premières par l'arbre lui-même, dans les secondes par une tige verticale fixée au balancier. On se sert depuis quelque temps, principalement sur les grands navires à vapeur, de pompes isolées mues par de petites machines qui portent le nom de *machines alimentaires*.

XI. Pompe a air. La pompe à air a pour fonction d'extraire du condenseur l'eau chaude provenant de la condensation de la vapeur, et de la transporter dans le réservoir qui sert à l'alimentation de la chaudière. Elle est mise en mouvement, comme la pompe alimentaire, par une tringle fixée au balancier de la machine à basse pression. Il va sans dire qu'elle n'existe point dans la machine à haute pression, puisque celle-ci n'a pas de condenseur.

CHAPITRE VIII

Tentatives de perfectionnement de la machine à vapeur. — Machine de *Wolf*. — Machines *du Cornouailles*. — Machines *à cylindre fixe vertical*. — Machines *oscillantes*. — Machine *à vapeurs combinées* de M. du Tremblay. — Machines *à air chaud*. — Le docteur Stirling. — M. Ericsson. — Système de ce dernier. — Machine *à vapeur régénérée* de M. Siemens.

Lorsqu'on suit avec attention la marche progressive des arts et des sciences, on observe que cette marche peut se décomposer aisément en une série de périodes ou d'étapes, dont le terme est indiqué par un temps d'arrêt, ou du moins de ralentissement, d'autant plus long et plus sensible que la période qui le précède a été signalée par des conquêtes plus nombreuses et plus importantes. Il semble qu'alors l'esprit humain, fatigué des efforts multipliés que lui a coûtés cette partie de son œuvre, ait besoin de se reposer et de se recueillir, afin de retrouver la vigueur qui lui est nécessaire pour s'élancer vers de nouveaux triomphes.

Les découvertes de Watt et d'Evans relatives à la machine à vapeur marquent nettement, pour la mécanique, la fin d'une de ces étapes, la plus glorieuse peut-être dont les annales de la Science et de l'Industrie nous aient conservé le souvenir. Après eux, un grand nombre de physiciens, de mécaniciens, de constructeurs, se sont ingéniés à trouver quelque chose de mieux que ce qu'ils leur avaient légué. Les uns ont essayé de perfectionner le mécanisme de la machine à vapeur; parmi ceux-là quelques-uns ont réussi, par d'utiles améliorations, à s'associer à la gloire de leurs illustres devanciers. D'autres, moins modestes, ont prétendu réaliser des innovations plus radicales en changeant le principe même de la machine, en demandant à d'autres fluides la force élastique qui lui donne la vie. Ces derniers n'ont mis au jour que de malencontreux pastiches du chef-d'œuvre qu'ils avaient l'ambition de surpasser, et leurs tentatives n'ont abouti jusqu'ici qu'à des déconvenues trop souvent accompagnées de catastrophes meurtrières.

Nous allons passer très-rapidement en revue ceux de ces divers essais qui, soit par le succès dont ils ont été couronnés, soit par le retentissement qu'ils ont eu, méritent de fixer notre attention.

Les modifications qui ne s'appliquent qu'à la disposition des pièces de la machine à vapeur et aux détails de son mécanisme sont très-nombreuses et varient presque à l'infini. La plus remarquable et la plus heureuse est celle qui fut imaginée en 1804 par le constructeur anglais Arthur Wolf. Cet habile mécanicien parvint à combiner les avantages respectifs des deux machines de Watt et d'Evans, en tirant le parti le plus avantageux possible de la vapeur employée à haute pression, et de la tension qu'elle conserve après avoir agi sur le piston. Sa machine, sous ce rapport, mériterait beaucoup mieux que celle de Watt le nom de machine à double effet, puisque la vapeur y produit réellement deux effets successifs. Introduite d'abord dans un premier cylindre, elle y fait mouvoir le piston comme dans la machine de Watt; mais, au lieu qu'au sortir de ce cylindre elle soit expulsée au dehors ou s'écoule dans le condenseur, elle passe dans un second cylindre, où elle arrive conservant une tension de 3 à 4 atmosphères. Là, en se détendant, elle agit sur un deuxième piston, qui communique, comme le premier, avec le balancier, mais en un autre point, situé toutefois du même côté du centre de rotation. Ainsi les deux actions s'ajoutent l'une à l'autre, d'où il résulte à la fois une grande augmentation de force, une notable économie de combustible et une parfaite régularité de jeu. Ces avantages ont fait généralement adopter, en France aussi bien qu'en Angleterre, la machine de Wolf, appelée aussi machine *à double cylindre.*

Parmi les autres variétés remarquables de machines à vapeur, nous devons mentionner :

1° Les machines *du Cornouailles*, perfectionnement de la machine à simple effet de Watt. Elles sont de dimensions colossales, et réalisent aussi une économie considérable de combustible. Bien qu'elles n'aient qu'un seul cylindre, la détente s'y opère de façon que la vapeur, en se dilatant, acquiert un volume décuple de celui qu'elle occupait au moment de son introduction dans le corps de pompe.

2° Les machines *à bielle articulée*, inventées vers 1830 par le constructeur Maudslay. Celles-ci n'ont point de balancier. Elles peuvent marcher avec ou sans condenseur. Le mouvement rectiligne de la tige du piston est maintenu par une traverse à articulation mobile, qui roule dans une double coulisse.

3° Les machines *à cylindre fixe vertical*, très-convenables pour les ateliers où l'on a besoin d'une force qui se transmette à différents rouages et puisse être employée à exécuter plusieurs ouvrages à la fois. Leur arbre de couche est placé à la partie supérieure du bâti. Elles fonctionnent ordinairement à moyenne pression, et sont munies d'un condenseur.

4° Les machines *à cylindre horizontal*, sans condenseur, marchant toujours à haute pression. En raison de la position de leur cylindre, elles occupent beaucoup de place en longueur, mais peu en hauteur.

5° Les machines *oscillantes*. Dans ces machines, la tige du piston s'articule directement avec la manivelle qui fait tourner l'arbre de couche. Cette disposition, en simplifiant beaucoup le mécanisme, obligeait de donner au cylindre une mobilité qui lui permit de suivre le mouvement qu'il imprimait à la manivelle. On y est parvenu en le faisant reposer sur deux tourillons semblables à ceux des mortiers et des obusiers, à cette exception près cependant, qu'ils sont creux. L'un donne accès à la vapeur, qui s'échappe par l'autre après avoir produit son effet. La boîte et les tiroirs sont portés par le cylindre, et suivent par conséquent ses oscillations. La tige du piston est pourvue de deux roulettes qui glissent sur deux tringles, fixées perpendiculairement sur la face supérieure du cylindre.

6° Enfin les machines *rotatives*, que nous ne mentionnons ici que pour mémoire, le succès n'ayant nullement répondu aux espérances dont elles furent d'abord l'objet. Ici point de corps de pompe, ni de piston, ni de balancier; l'arbre lui-même est un cylindre creux, divisé, suivant sa longueur, en compartiments dans chacun desquels la vapeur s'introduit tour à tour, et recevant ainsi un mouvement de rotation qu'il transmet aux rouages qu'on y veut adapter. Ce genre de machine présente l'inconvénient capital d'une dépense énorme de combustible, inconvénient que ne compense aucun avantage notable sur les machines à piston. Il est aujourd'hui tout à fait abandonné.

Il nous reste maintenant à parler des essais qui ont été tentés dans le but de substituer, soit en partie, soit en totalité, à la vapeur d'eau, un autre fluide élastique dont l'emploi permit d'obtenir, à moins de frais et avec plus de facilité, une force égale, sinon supérieure. Le principe sur lequel reposent l'emploi de la vapeur et les services immenses qu'elle rend depuis un demi-siècle à l'industrie consiste, en dernière analyse, dans la conversion de la chaleur en force motrice. Or, en examinant les choses à ce point de vue, on est obligé de reconnaître que la vapeur ne réalise pas, à beaucoup près, toutes les conséquences possibles du principe dont il s'agit. En raison de l'énorme quantité de calorique qu'elle a besoin d'absorber avant de se vaporiser, l'eau est en effet, pour la production du mouvement par la chaleur, un intermédiaire très-imparfait, puisqu'elle n'utilise, suivant M. Siemens, que la seizième, et, suivant M. Régnault, que la vingtième partie de la chaleur développée par le foyer. Évidemment un autre intermédiaire, qui exigerait une moindre quantité de calorique pour acquérir la même tension que la vapeur ou une tension plus forte, lui serait, toutes choses égales d'ailleurs, infiniment préférable. C'est à trouver et à mettre en œuvre un semblable intermédiaire que se sont appliqués quelques physiciens, notamment un ingénieur suédois, M. Ericsson, et un ingénieur français, M. du Tremblay. Le premier a cru l'avoir trouvé dans l'air atmosphérique; le second, sans renoncer entièrement à l'emploi de la vapeur d'eau, a cru devoir lui donner pour auxiliaire une autre vapeur, celle de l'éther sulfurique ou du chloroforme.

Frappé de la perte de calorique que la vapeur d'eau entraîne avec elle dans les machines ordinaires après avoir dépensé sa force expansive, M. du Tremblay, pour utiliser ce calorique, a eu la pensée de l'employer à la formation d'une seconde vapeur dont la force viendrait s'ajouter à celle de la première.

L'éther sulfurique, dont le point d'ébullition est à 40° seulement, lui parut remplir les conditions désirables pour arriver à ce résultat. Il en fit l'essai, et vit ses conjectures se réaliser de tout point. Dès que la vapeur d'eau fut en contact avec l'éther, elle retomba aussitôt à l'état liquide, en lui cédant son calorique, tandis que l'éther se vaporisait aux dépens de ce même calorique; en sorte que d'un côté il se créait une nouvelle force élastique, et de l'autre il se faisait un vide qui est aussi une force.

Le problème était donc théoriquement résolu. Il restait à imaginer un appareil propre à rendre la solution pratique. Voici comment M. du Tremblay y est parvenu.

A sa sortie du cylindre, sur le piston duquel s'est exercée sa force élastique, la vapeur d'eau détendue est reçue dans un vase clos, que traversent de bas en haut un grand nombre de tubes, dont le pied plonge dans un réservoir d'éther, placé sous l'appareil, dont il est séparé par une plaque métallique. Cette plaque s'échauffant au contact de la vapeur, il se forme au-dessous une certaine quantité de vapeur d'éther qui, pressant le liquide, le force à remonter dans les tubes également échauffés, où se forme rapidement une nouvelle et abondante quantité de vapeur d'éther; la vapeur d'eau, en même temps, revient à l'état liquide comme elle ferait dans le condenseur d'une machine ordinaire, et elle est alors refoulée dans la chaudière, où elle rapporte tout le calorique que l'éther ne lui a pas enlevé. Cependant la vapeur d'éther débouche, par les tubes où elle s'est formée, dans un récipient placé au-dessus de l'appareil vaporisateur, et de là dans un cylindre à piston. Ce cylindre ne diffère en rien du premier; il peut à volonté agir d'une manière indépendante, où être attelé sur le même arbre que le cylindre à vapeur d'eau. Dans ce dernier cas, les deux vapeurs concourent au même travail; c'est ce qui se passe ordinairement.

La vapeur d'éther que, pour plusieurs raisons, il est important de ne pas laisser échapper, est traitée, au sortir de son cylindre, comme la vapeur d'eau au sortir du vaporisateur. Elle passe dans un nouveau faisceau de tubes qu'environne un courant d'eau froide, et l'éther redevenu liquide est refoulé dans le vaporisateur, de même que l'eau condensée a été refoulée dans la chaudière, pour recommencer l'évolution que nous venons de décrire.

Il est difficile, sans aucun doute, de rien imaginer de plus ingénieux, de plus élégant et de plus séduisant que le système de M. du Tremblay. L'idée seule d'utiliser l'excédant de calorique de la vapeur d'eau détendue à la formation d'une nouvelle vapeur, et la formation de celle-ci à la condensation de celle-là ; cette idée, malgré sa simplicité, ou plutôt en raison même de sa simplicité, doit être considérée comme un trait de génie. Aussi l'apparition de la machine *à vapeurs combinées* fit-elle dans le monde savant et industriel une sensation générale et profonde. Elle réalisait, malgré le prix élevé de l'éther qui y est employé, une économie très-notable, et les essais qu'on en fit pour la navigation réussirent si bien, qu'elle fut adoptée d'emblée par la compagnie Arnaud et Touache, et installée sur les steamers faisant le service entre Marseille et les ports étrangers de la Méditerranée. On éleva bien quelques objections relatives aux dangers que présente l'emploi d'une substance aussi volatile, aussi subtile et aussi inflammable que l'éther, particulièrement sur les navires où l'on est obligé d'embarquer, pour une longue traversée, une grande quantité de ce liquide. On fit observer que, si bien ajustées que fussent les pièces de la machine, il était impossible d'éviter les fuites de vapeur inflammable ; que d'ailleurs une tourille d'éther débouchée ou brisée par accident, l'imprudence ou la maladresse d'un matelot, pouvait allumer un incendie dont il serait absolument impossible de se rendre maître ; et l'on sait s'il est rien de plus affreux qu'un incendie en mer !

A ces graves objections les défenseurs du système de M. du Tremblay répondaient : « Les dangers inhérents à l'emploi de l'éther sont les mêmes, *ni plus ni moins grands*, que ceux qui sont inhérents à l'éclairage par le gaz hydrogène. On pourra faire valoir, contre l'application de l'éther aux machines, les mêmes motifs que l'on mit en avant quand il s'agit de l'éclairage au gaz. Ces motifs ne prévaudront pas plus aujourd'hui qu'ils ne prévalurent alors contre des avantages réels et une notable économie... M. du Tremblay, ajoutait un de ses apologistes, est arrivé à fermer les joints de ses appareils avec une telle précision, que nous pouvons affirmer que, si une légère odeur annonce la présence de l'éther lorsque les machines déjà chauffées se sont arrêtées, cette odeur-là disparaît entièrement quand le navire est en marche. »

En dépit de cette argumentation passablement sophistique, les hommes compétents et M. du Tremblay lui-même reconnurent, le premier moment d'enthousiasme passé, que l'évaporation et les fuites d'éther ne pouvaient être absolument évitées, et que la réalité du danger ne pouvait être niée. Ils cherchèrent alors, pour remplacer l'éther, une autre substance également volatile, mais non combustible; et ils trouvèrent le chloroforme, qui, loin d'allumer un incendie, servirait au besoin à l'éteindre. Le chloroforme fut essayé, et sa vapeur donna, comme force motrice, des résultats satisfaisants; mais une chose à laquelle on n'avait point songé dans l'espèce, bien que les gens de l'art et le public en aient été assez occupés depuis quelques années, c'est l'action toxique que ce corps exerce sur l'économie: les mécaniciens et les chauffeurs, qui ne se trouvaient pas sensiblement incommodés par les exhalaisons d'éther, ne purent supporter la vapeur du chloroforme. Il fallut y renoncer et revenir à l'éther.

Au mois de février 1855, quelques journaux annonçaient triomphalement la nouvelle suivante : « Le bâtiment à vapeur *la France*, construit d'après les procédés de M. du Tremblay, a renouvelé ses essais en rade de Marseille. Au moment du départ, la chambre de la machine se trouvait envahie par une foule d'officiers de la marine, d'ingénieurs, de mécaniciens anglais et français... La machine est disposée dans cette chambre avec une sorte de coquetterie. Elle n'occupe qu'un espace relativement fort restreint, quoique sa disposition permette de circuler aisément entre ses diverses parties. Elle a fonctionné instantanément, sans la moindre hésitation, et avec la même facilité que si elle eût été mise en mouvement par la vapeur d'eau seulement... Le bâtiment dépasse 2,200 tonneaux ; il prend dans ses soutes 400 tonnes de charbon et QUATRE MILLE KILOGRAMMES D'ÉTHER (!!) ; ses aménagements donnent place à une centaine de passagers ; il porte en outre plus de 1,000 tonneaux de marchandises, et sa marche dépasse la vitesse moyenne que le gouvernement impose aux paquebots-poste, etc... »

D'abord tout alla, en effet, au gré de l'inventeur ; un certain nombre de navires munis de machines à vapeurs combinées effectuèrent, sans accident, des traversées longues et difficiles ; Dieu sait grâce à quelles précautions. Il fallut adopter, pour le service de nuit, la lampe de Davy ; la même dont se servent les mineurs pour éviter les explosions du *feu grisou*... Mais, hélas ! une nuit (celle du 26 au 27 septembre 1856), il suffit d'un seul moment d'oubli pour que ce même steamer *la France*, auquel on prédisait naguère de si brillantes destinées, devînt, en rade de Bahia, à quelques encablures du port, et en dépit des secours les plus prompts et les plus actifs, la proie d'un inextinguible incendie ! Heureusement l'équipage, les passagers et une partie de la cargaison purent être sauvés. Mais quel drame, quel désastre horrible, si cet accident fût arrivé en pleine mer ! Pour notre part, nous ne concevons point qu'à moins de nécessité absolue ou d'étrange imprudence, on consente à s'embarquer sur un vaisseau qui porte dans ses magasins quatre mille kilogrammes d'éther, et même moins.

Passons au système de M. Ericsson. Ici, du moins, point de danger ; car le fluide élastique destiné à mettre la machine en mouvement n'était autre que l'air atmosphérique. L'idée était simple en elle-même, et avait dû se présenter de bonne heure à l'esprit des physiciens et des mécaniciens. Aussi M. Ericsson n'est-il pas le premier qui ait songé à la mettre en pratique. Il ne nous paraît pas sans intérêt de passer ici en revue les essais tentés dans ce sens. Nous empruntons les détails qui suivent à un excellent article publié, au mois d'août 1856, dans le *Nouveau journal des connaissances utiles*.

On ne saurait dire avec certitude quel est l'inventeur qui le premier a tenté de construire une machine à air chaud. Il paraît toutefois que le docteur Stirling, ministre presbytérien à Galston, en Écosse, prit, en 1827, un brevet pour une machine marchant au moyen de ce fluide. Cette machine se trouve représentée et brièvement décrite dans l'*Histoire des machines à vapeur* publiée par MM. Galloway et Hébert à Londres, en 1832, c'est-à-dire un an avant l'époque où le capitaine Ericsson prit son premier brevet. M. Stirling, comme ceux qui l'ont suivi, s'était proposé d'introduire de l'air chaud dans un cylindre où il produisît une force en se dilatant, puis, après qu'il aurait ainsi produit son effet utile, de le dépouiller de son calorique au profit d'une nouvelle quantité d'air succédant à la première. Pour arriver à ce résultat, on imagina de faire passer l'air par des boîtes ou chambres pleines de tubes, de plaques, de toiles, etc. métalliques, de façon à le mettre en contact, sur une grande surface, avec des corps bons conducteurs du calorique. L'idée de ce genre d'appareil *régénérateur* appartient à M. Stirling. Celui-ci a fait subir à son premier projet plusieurs perfectionnements successifs, de concert avec son frère J. Stirling, qui a publié sur ce sujet, en 1846, un mémoire adressé à la Société des ingénieurs civils d'Angleterre.

Le premier brevet de M. Ericsson date de 1833. Il a été pris en Angleterre par cet ingénieur, qui est Suédois de naissance. Il en fut peu parlé à cette époque. Trois ans après (1836), un ingénieur français, M. Franchot, proposait une machine à air chaud ayant quelque ressemblance avec celle de M. Ericsson. Il la fit breveter en 1838, et en soumit le plan à l'Académie des Sciences en 1840. Bientôt après (1841-42) une machine fut montée d'après ses plans par M. Philippe, constructeur, avec le concours de M. Cadner, jeune ingénieur anglais. Cette machine donnait 4 chevaux de force pour 4 kilogrammes de coke par heure, résultat très-satisfaisant ; mais elle fut endommagée dans un déménagement, et des circonstances que nous ignorons ont empêché M. Franchot de la rétablir.

Un autre inventeur français, M. Andraud, a fait de nombreuses expériences sur l'emploi de l'air chaud à la production d'une force motrice. En 1844, il fit fonctionner sur le chemin de fer de Versailles une machine locomotive à air. Ce gaz y était comprimé d'abord dans une chaudière, puis dilaté par la chaleur. La machine marchait à haute pression, et le générateur, au lieu de tissus métalliques, se composait d'un serpentin plongé dans un foyer spécial. Ces expériences n'ont pas eu de suite.

Nous mentionnerons encore M. Frœlich, qui prit un brevet en 1847 pour une machine qu'on pourrait appeler aérostatique, puisqu'elle était construite en vertu de ce principe, que la pesanteur spécifique de l'air diminue, et que sa force ascendante augmente lorsqu'on élève sa température. Cette machine n'a pas eu plus de succès que la précédente.

Revenons maintenant à M. Ericsson, dont l'invention, bien qu'elle n'ait donné dans la pratique que des résultats à peu près nuls, a du moins le mérite de reposer sur un principe vrai, dont nous verrons tout à l'heure qu'un autre ingénieur mieux inspiré a su tirer, en l'appliquant à la machine à vapeur elle-même, un parti plus heureux.

M. Ericsson s'est fait breveter en Angleterre en 1850, et l'année suivante aux États-Unis, pour son procédé qui a quelque temps fixé l'attention du monde entier. Voici quel est ce procédé. Des toiles métalliques à mailles serrées, enroulées sur elles-mêmes, sont portées à une température de 250°. Une masse d'air froid, les traversant rapidement, s'y échauffe et se dilate aussitôt. Cet air dilaté agit sur un piston qui se meut dans un corps de pompe ; puis, après avoir produit son effet, repasse à travers les mêmes toiles métalliques, auxquelles il rend le calorique qu'il leur avait pris d'abord ; de telle sorte qu'en sortant de cette partie de l'appareil, il est presque aussi froid qu'il l'était en y entrant la première fois. Il y est immédiatement refoulé, s'échauffe de nouveau aux dépens des toiles métalliques, rentre dans le corps de pompe, y fait jouer le piston, retourne encore dans le vase régénérateur, et ainsi de suite. Théoriquement, et en admettant par hypothèse que la déperdition du calorique et du fluide élastique pût être évitée, la même quantité d'air devrait servir indéfiniment à la production du mouvement. Mais, en fait, les choses ne se passent point ainsi : outre que l'air s'échappe à travers les interstices et que la provision de chaleur a besoin d'être fréquemment renouvelée, les toiles métalliques, les pistons, les cylindres, exposés incessamment à l'action de l'oxygène libre de l'air sous l'influence de hautes températures, s'oxydent, se détériorent et sont en peu de temps mis hors de service.

Les inventeurs sont généralement enclins à se faire illusion sur la valeur de leurs inventions. M. Ericsson ne s'est pas assez tenu en garde contre cette faiblesse, et il en a subi les conséquences. Malgré le résultat peu satisfaisant d'expériences faites au Havre, en août 1853, dans les ateliers de MM. Mazeline frères, et dirigées avec le plus grand soin sous les yeux d'une commission nommée par le ministre de la marine, M. Ericsson voulut poursuivre *quand même* la réalisation de ses espérances. Il fit construire un navire auquel il donna son nom — et sa machine, — et continua ses essais, annonçant de temps à autre qu'il était sur le point de réussir.... Mais la solution définitive, si souvent promise depuis trois ans, n'a point été trouvée, et tout porte à croire au contraire qu'il n'y faut plus compter.

On lisait dans la *Tribune* de New-York, du 9 août 1854 : « Le vaisseau *l'Ericsson* a pénétré hier dans la baie pour faire un nouvel essai. Il n'y avait à bord qu'une seule machine. On nous apprend que l'on a substitué la vapeur à l'air chaud; mais on a soin d'annoncer que cette vapeur est engendrée et appliquée d'une manière beaucoup plus économique. La vérité, en effet, est que

M. Ericsson a commandé pour son navire trois générateurs à vapeur, avec de l'eau à l'intérieur et du feu au-dessous, ce qui ne l'empêche pas de continuer à dire, dans un excès d'illusion d'inventeur, qu'il emploie encore la puissance motrice que la *Presse de New-York* a tant exaltée (celle de l'air dilaté). » A la même époque, M. Fulton s'exprimait ainsi dans le *Journal de l'Institut de Franklin :* « Définitivement, *l'Ericsson* est un échec lamentable qu'on essaie de cacher encore, mais qu'on sera forcé d'avouer : ce sera une grande leçon pour les actionnaires. » L'échec n'a pas été avoué, que nous sachions; mais il n'a pas non plus été démenti.

Nous avons dit que le principe fondamental de la machine à air chaud avait été récemment interprété d'une manière ingénieuse, et appliqué à l'emploi de la vapeur d'eau, par un inventeur mieux inspiré que ses devanciers. Cet inventeur est M. Siemens, savant physicien et ingénieur anglais. Un modèle de sa machine figurait à l'exposition universelle de 1855; mais il y a apporté depuis diverses améliorations qui ne seront pas les dernières, il faut l'espérer.

Dans l'état actuel, cette machine, dite *à vapeur régénérée*, peut être considérée comme remplissant, en tant que machine fixe à l'usage de l'industrie manufacturière, des conditions d'économie bien supérieures à celles des anciennes machines, et comme utilisant une plus grande partie de la force motrice représentée par une même quantité de calorique.

Nous allons faire connaître ses dispositions et son mode de fonctionnement, tels qu'ils se trouvent réalisés dans un appareil établi par M. Farcot, constructeur à Saint-Ouen, d'après les derniers dessins de M. Siemens. Cet appareil a été, de la part de MM. Servel, ingénieur en chef du bureau technique de Paris, et Tresca, ingénieur sous-directeur du Conservatoire des arts et métiers, l'objet de deux rapports rédigés à la suite d'expériences faites en juillet et août 1856, dans l'usine même de M. Farcot, rapports dont nous donnerons, en terminant, les conclusions.

Ainsi que son nom l'indique, la machine *à vapeur régénérée* est combinée de manière à utiliser toujours la même vapeur (sauf les pertes qui n'exigent qu'une faible alimentation), en lui fournissant et lui retirant tour à tour une quantité de calorique qui se transforme, à chaque coup de piston, en une quantité sensiblement équivalente de force motrice.

Imaginons d'abord deux cylindres dans lesquels se meut un piston, et dont le fond est en contact immédiat avec le foyer. Ces cylindres, que M. Siemens appelle cylindres *travailleurs*, sont en communication avec la chaudière. Si donc la vapeur arrive de celle-ci dans la partie inférieure de l'un d'eux, et par conséquent au-dessous du piston, elle s'y trouve en contact avec une paroi brûlante, et acquiert en se surchauffant son maximum de tension. Le piston est aussitôt soulevé ; lorsqu'il arrive à un certain point de sa course ascendante, il laisse passer la vapeur dans une sorte de cylindre annulaire garni intérieurement, ou plutôt presque rempli de toiles métalliques enroulées et placées verticalement. Cette capacité, qui est l'organe principal et caractéristique de la machine, a reçu de M. Siemens le nom de *respirateur*. Son extrémité inférieure avoisine la partie du cylindre proprement dit, qui est en contact avec le foyer, et reçoit nécessairement une partie de la chaleur fournie par celui-ci. Mais son extrémité supérieure se maintient à une température relativement très-basse jusqu'à ce que la vapeur, arrivant du cylindre et traversant les toiles, leur cède la majeure partie de son calorique, et, de vapeur à haute pression qu'elle était à 400° environ, devient vapeur saturée en retombant à 140° ou 150°. Elle trouve alors une issue qui la conduit dans un troisième cylindre, appelé cylindre *régénérateur*, placé entre les deux cylindres travailleurs, dont il égale à lui seul la capacité. Il est, comme ceux-ci, muni d'un piston que la vapeur soulève en achevant de se détendre ; mais il n'est point en contact avec le foyer : en sorte que la température de la vapeur ne fait que s'y maintenir à peu près au même point où elle était en arrivant, et y demeure à l'état de vapeur saturée en attendant qu'on ait de nouveau besoin d'elle.

C'est ce qui arrive lorsqu'une évolution semblable à celle que nous venons de décrire s'est accomplie dans l'autre cylindre travailleur. La vapeur pénètre de la chaudière dans ce dernier, s'y surchauffe, élève le piston, traverse le respirateur, s'y refroidit et s'y détend, et entre à son tour dans le cylindre régénérateur, mais cette fois au-dessus du piston qui, poussé de haut en bas, force la vapeur tenue en réserve au-dessous de lui à rentrer dans le premier cylindre travailleur, dont le piston, ne trouvant plus de résistance, est redescendu tandis que l'autre montait. Mais avant d'arriver là, cette vapeur traverse le respirateur, y retrouve le calorique qu'elle y a tout à l'heure abandonné, puis, une fois en contact avec la paroi inférieure du cylindre, se surchauffe de nouveau, soulève le piston, revient encore se refroidir dans le respirateur, et est enfin ramenée dans le cylindre intermédiaire. Elle en chasse à son tour la vapeur venue du second cylindre travailleur, où les mêmes choses se passent, c'est-à-dire que la vapeur y rentre après avoir traversé le respirateur, y reprend sa tension au contact de la paroi inférieure, soulève le piston, retourne au respirateur pour se refroidir, puis repasse dans le cylindre régénérateur, et ainsi de suite.

Le jeu de la machine consiste donc dans ce mouvement de bascule qui s'établit et se perpétue par lui-même entre les deux cylindres travailleurs, et qu'un mécanisme analogue à celui des machines ordinaires transforme en un mouvement circulaire.

Bien qu'en théorie, comme nous l'avons dit, ce soit toujours la même vapeur qui, une fois produite au début, doive, en se dilatant et en se condensant alternativement, transformer indéfiniment en force motrice la totalité de son calorique, les choses, dans la pratique, ne sauraient se passer tout à fait ainsi : sans quoi l'on aurait presque résolu l'insoluble problème du mouvement perpétuel. Du volume de vapeur qui devrait servir toujours en se régénérant, une faible partie s'écoule par l'échappement et doit être remplacée. C'est pourquoi M. Siemens a muni sa machine d'un petit tiroir de distribution, communiquant avec la chaudière. Celle-ci enveloppe les trois cylindres, en sorte que la déperdition de chaleur est presque nulle. Elle laisse pénétrer dans les cylindres, à chaque coup de piston, une quantité de vapeur représentant le dixième seulement de celle qu'ils emploient; et, comme elle fonctionne à haute pression, l'excédant de cette vapeur s'échappe dans un tuyau qui traverse et échauffe d'autant l'eau du réservoir d'alimentation.

On comprend qu'une machine ainsi disposée occupe fort peu de place et n'exige qu'une dépense de combustible très-peu considérable, surtout si on la compare à celle des machines ordinaires même les mieux entendues.

Tels sont en effet les avantages constatés par les rapports dont nous avons parlé plus haut, et dont nous allons citer les passages les plus significatifs. M. Servel, après avoir exposé *in extenso* et appuyé par des chiffres les heureux résultats des expériences faites sous ses yeux, donne la conclusion suivante:

« Les résultats qui précèdent tendent à prouver que la machine Siemens, de cinq chevaux, qui a été expérimentée chez M. Farcot, à Saint-Ouen, près Paris, et qui fait l'objet de ce rapport, est un appareil *rendu pratique, facile à conduire, fonctionnant bien*.

« Les expériences des 8, 9 et 10 juillet constatent que la consommation du combustible, en marche, est restée telle, qu'elle peut être comparée avantageusement à celle des machines de même force, à détente, condensation et enveloppe de vapeur, les mieux exécutées, et il est très-probable qu'aucun des mécaniciens qui construisent ces machines ne voudrait prendre l'engagement de garantir une dépense même un peu supérieure à celle trouvée par la machine expérimentée, et qui a cela encore, d'offrir sur ses analogues des autres systèmes l'avantage d'occuper peu de place, puisque le moteur, la chaudière et le fourneau sont groupés et ne forment qu'un tout très-peu encombrant. »

De son côté, M. Tresca résume ainsi ses propres observations :

« *Durée de l'expérience* — 7 h. 15'.

« *Puissance effective de la machine* — 4 chev. 96.

« *Consommation totale du combustible* — 70 kilogr.

« *Consommation totale de l'eau* — 359 *litres* 45 *centilitres*.

« *Consommation de charbon par force de cheval et par heure* — 1 *kilogr.* 95.

« *Consommation d'eau par force de cheval et par heure* — 10 *litres* 33 *centilitres*.

« Il résulte de ces chiffres que la consommation en eau a été notablement réduite depuis les premières expériences faites à l'exposition, que la consommation de combustible s'est améliorée dans le même sens, et l'on peut espérer que ces chiffres seront encore plus favorables pour des machines d'une puissance plus grande.

« Les inconvénients résultant de l'emploi des trois cylindres et l'augmentation relative qu'il entraîne dans le volume de la machine, comparé à celui des machines ordinaires, se trouvent donc compensés dans le nouveau système par une diminution sur la dépense de consommation, qui pourra sans doute être atténuée encore lorsque M. Siemens sera parvenu à dépenser moins de vapeur à l'échappement. »

La modification apportée par M. Siemens à l'économie fondamentale de la machine à vapeur est la dernière — et la seule, autant que nous sachions, — qui ait reçu la sanction de l'expérience. Encore son appareil n'a-t-il été jugé applicable, jusqu'à présent, qu'aux machines fixes. Mais il y a lieu d'espérer que l'inventeur parviendra aussi à l'approprier à l'usage des chemins de fer et des bateaux à vapeur, où elle réalisera sur les machines actuelles un progrès fort appréciable au point de vue de l'économie et de la légèreté, ainsi que de la facilité des manœuvres. Quoi qu'il arrive, au surplus, de cette invention, et dût-elle avoir le même sort que celles de M. Ericsson, de M. du Tremblay et de tant d'autres, on ne saurait douter que quelque merveille nouvelle ne soit un jour ou l'autre engendrée, à la suite des efforts que font tant d'esprits éminents, pour arriver à la solution définitive et complète du grand problème dont le génie de Papin, de Newcomen, de Watt et de leurs successeurs a déjà si heureusement aplani les premières difficultés : Développer avec le moins de frais possible une quantité de calorique qui se convertisse immédiatement en une quantité de force sensiblement équivalente. Cette solution sera certainement la conquête la plus belle et la plus universellement utile de la science moderne.

LES
BATEAUX A VAPEUR

CHAPITRE I

Papin, auteur du premier essai connu de navigation par la vapeur. — Projets tendant à remplacer les rames et les voiles par d'autres organes propulseurs. — Duquet. — Le comte de Saxe. — L'abbé Gauthier. — Daniel Bernouilli. — Le marquis de Jouffroy. — Détails biographiques sur ce personnage. — Ses travaux. — Ses expériences sur le Doubs et sur la Saône. — Ses rapports avec le ministre Calonne et avec l'Académie des sciences.

Le premier nom qui s'offre à nous, dans l'histoire de la navigation à vapeur, est celui de Papin. Nous n'avons malheureusement aucun renseignement sur les circonstances qui le conduisirent à appliquer aux navires la machine dont il était l'inventeur, non plus que sur la manière dont il tenta de réaliser cette application. Ce que nous savons de science certaine, d'après une correspondance authentique publiée récemment par M. le professeur Kuhlmann, de Hanovre, c'est que Papin, lorsqu'il résidait encore dans le duché de Hesse, construisit un bateau muni d'une machine qui mettait en mouvement des palettes faisant office d'avirons; que ce bateau fut essayé sous les yeux du landgrave, et réussit assez bien pour que Papin crût pouvoir fonder sur cette invention les plus belles espérances; que, n'obtenant point pourtant du landgrave les encouragements et l'assistance dont il avait besoin, il résolut de quitter l'Allemagne, avec son bateau, pour retourner en Angleterre, où il pensait que son nouveau système de navigation serait mieux accueilli ; qu'à cet effet il s'embarqua sur la Fulda, comptant gagner la mer du Nord par le Weser ; mais qu'à Münden, en Hanovre, les mariniers du Weser ayant prétendu lui interdire le passage ou ne le lui laisser libre que moyennant un péage exorbitant, il s'ensuivit, entre lui et ces méchantes gens, une discussion à la suite de laquelle son bateau et sa machine furent brutalement mis en pièces. La correspondance dont il s'agit est doublement curieuse, puisque, outre les détails qu'elle donne sur cette triste aventure du malheureux physicien de Blois, elle témoigne des rapports qui existaient entre lui et le célèbre philosophe et mathématicien G. W. Leibnitz, auquel il avait inspiré une haute estime et un vif intérêt. M. L. Figuier reproduit cette correspondance *in extenso*, comme pièce justificative, à la fin du volume qu'il a consacré à l'histoire des machines à vapeur.

On peut affirmer à coup sûr, et sans faire injure à la mémoire de Papin, qu'il se trompait grandement sur la valeur de sa machine nautique et sur la possibilité de l'adapter à de grands vaisseaux. Soit qu'il eût fait usage de l'appareil atmosphérique dont il était l'auteur, soit que, comme le croit M. Figuier, il eût adopté celui de Savery, il était impossible qu'il obtînt, avec l'un ou l'autre, la puissance et la rapidité de mouvement nécessaires pour imprimer à un navire une marche supérieure à celle des navires à voiles ou à rames. D'ailleurs, la disproportion qui existait dans ces appareils entre les quantités de chaleur et de force qu'on pouvait produire, les masses d'eau et de combustible qu'il eût fallu embarquer, la lenteur, la complication et la difficulté des manœuvres, tous les inconvénients, en un mot, qui en rendaient l'application peu avantageuse, même pour les travaux sédentaires les moins délicats, eussent, à plus forte raison, fait avorter l'entreprise dès les premières expériences. A supposer donc que Papin fût parvenu à conduire son bateau jusqu'à Londres, il n'eût fait que reculer de quelques jours le moment fatal où sa dernière illusion devait s'évanouir devant la réalité. Mais il n'en faut pas moins lui savoir gré d'avoir émis le premier et tenté de faire passer dans la pratique une idée qui devait amener, un siècle plus tard, de si immenses résultats. Ses essais, au surplus, malgré la triste catastrophe qui ne lui permit pas même de les achever, ne demeurèrent pas stériles. Il avait posé le problème, c'était déjà beaucoup ; et les inventeurs qui, avec des données bien plus complètes et des ressources bien plus grandes, échouèrent comme lui dans leurs vains projets, attestent que l'insuccès de leur illustre et infortuné devancier doit être attribué, non à l'insuffisance de son génie, mais à des causes plus fortes que l'intelligence et la volonté humaines.

Quoi qu'il en soit, le développement progressif de la navigation des fleuves et l'importance, de jour en jour plus grande, du rôle de la marine dans les relations, soit hostiles, soit amicales, entre les peuples, attirèrent, dès les premières années du xviii° siècle, l'attention des hommes spéciaux sur les divers agents locomoteurs dont il serait possible de tirer parti pour les navires et les bateaux. Plusieurs crurent entrevoir dans la vapeur la seule force capable de lutter victorieusement contre vents, marées et courants, et s'occupèrent de chercher comment on pourrait en faire la base d'un nouveau système de navigation.

En 1753, l'Académie royale des sciences de Paris décida qu'un prix serait accordé à l'auteur du meilleur mémoire sur les moyens de *suppléer à l'action du vent*. Cette décision lui avait été suggérée par l'apparition successive, à des intervalles très-rapprochés, de projets ayant pour but de doter la navigation d'un mode de propulsion qui lui permit de se passer du secours des éléments, ou de réduire de beaucoup le travail des bras de l'homme. On sait qu'à cette époque on faisait encore grand usage des galères à rames, genre de navires d'autant plus incommode et dangereux qu'on était obligé d'y employer, pour la manœuvre pénible des avirons, des *chiourmes* de criminels qui formaient avec leurs gardiens un personnel aussi encombrant que peu aimable. Parmi les projets auxquels nous venons de faire allusion, nous citerons seulement celui du mécanicien Duquet, qui substituait aux avirons des roues à palettes, et dont les essais faits au Havre et à Marseille eurent un certain retentissement; et celui du comte de Saxe, qui consistait à établir, dans les principaux ports du royaume, des bateaux remorqueurs ou auxiliaires, pour aider à l'entrée et à la sortie des navires à voiles pendant les mauvais temps. Ces remorqueurs devaient être mus également par des roues à aubes disposées à bâbord et à tribord, et mises elles-mêmes en mouvement par un manége de quatre chevaux.

Les mécaniciens, les ingénieurs, les mathématiciens s'empressèrent à l'envi, en 1753, de répondre à l'appel qui leur était adressé par l'Académie des sciences, et cette compagnie reçut plusieurs mémoires signés de noms illustres, tels que ceux du célèbre géomètre Euler, de Mathon de Lacour, de l'abbé Gauthier, chanoine régulier de Nancy, et du savant Daniel Bernouilli.

L'abbé Gauthier proposait d'appliquer la machine de Newcomen à la locomotion nautique; mais il ne tenait pas assez compte des imperfections de cette machine encore si grossière, et le mécanisme compliqué, pesant et volumineux à l'aide duquel il voulait mettre en jeu les organes propulseurs (qui étaient des rames perpendiculaires), ne put, malgré le mérite intrinsèque de son travail, trouver grâce devant la docte assemblée, qui décerna le prix au mémoire de Bernouilli. Celui-ci démontrait, par des raisonnements et des calculs fort justes, l'insuffisance de la machine à vapeur, telle qu'elle était alors, pour produire, dans l'application proposée, des effets supérieurs ou même égaux à ceux des voiles ou des avirons. L'Académie, en couronnant ce judicieux mémoire, en adoptait par cela même toutes les conclusions, et cette adhésion équivalait à une délibération par laquelle elle eût déclaré que le moment n'était point venu de demander à la vapeur la force dont on avait besoin pour triompher des éléments, dont la navigation fluviale et maritime subissait depuis tant de siècles la puissance tyrannique : déclaration pleine de sagesse, puisqu'en condamnant le présent sur bonnes preuves, elle ne préjugeait rien de l'avenir. Or quelques années après surgisssait, de l'autre côté du détroit, le génie extraordinaire auquel était réservée la gloire d'aplanir les difficultés qui avaient jusqu'alors empêché les plus fécondes applications de la machine à vapeur. On sait que le premier progrès dû à l'esprit inventif de Watt fut la transformation de la machine atmosphérique de Newcomen en une vraie machine à vapeur dite *à simple effet*. La machine à double effet, qu'il construisit ensuite, existait et fonctionnait sur plusieurs points du territoire de la Grande-Bretagne, avant que sa sœur aînée, bien moins parfaite, eût pénétré dans notre pays. Faut-il accuser de ce retard la négligence des savants et des industriels français, ou la jalouse discrétion des ingénieurs anglais ? Il serait oiseux d'examiner ici cette question. Le fait est que la première machine *à simple effet*, bien construite et de grande dimension, qu'on vit fonctionner en France, fut apportée de Birmingham et établie à Chaillot par les frères Périer, pour être employée à la distribution des eaux dans Paris. C'est cette machine célèbre qui est encore aujourd'hui connue sous le nom de *pompe à feu de Chaillot*.

Dès que la pompe à feu commença de fonctionner, les habitants de Paris se portèrent en foule dans l'établissement de Chaillot pour contempler cette merveille. Au nombre des visiteurs les plus assidus et les plus attentifs se trouvait un jeune gentilhomme franc-comtois, le marquis Claude de Jouffroy d'Albans, tout récemment arrivé du fond de sa province, où il avait consacré à l'étude de la question à l'ordre du jour les loisirs forcés d'un exil de deux années, auquel il avait dû se condamner pour se soustraire aux conséquences fâcheuses d'une querelle survenue entre lui et le colonel de son régiment.

Après avoir repris et approfondi théoriquement, avec la lucidité d'un esprit droit et cultivé, les idées de Papin, de Bernouilli et de l'abbé Gauthier sur l'application de la vapeur à la propulsion des bâtiments, le marquis de Jouffroy avait été amené à considérer la nouvelle machine dont il avait lu la description dans sa retraite comme très-propre à résoudre enfin le problème prématurément abordé par ses prédécesseurs. Il avait entrevu les magnifiques résultats que devait avoir un semblable emploi du moteur auquel l'industrie anglaise était déjà redevable de si grands services; et, s'élevant au-dessus des préjugés qui faisaient alors considérer comme une dérogation à la dignité d'un gentilhomme et d'un officier du roi toute incursion dans le domaine des arts et de l'industrie, il avait résolu de consacrer toute son activité intellectuelle à la réalisation de son utile projet.

Aussi, dès qu'il fut assuré de pouvoir quitter sans danger l'asile où il s'était réfugié, s'empressa-t-il de se rendre à Paris où il se mit aussitôt en rapport avec toutes les personnes capables de l'éclairer et de l'assister. Hâtons-nous de le dire, il ne tarda pas à trouver, dans les rangs de la meilleure noblesse, des hommes qui s'intéressaient non moins vivement que lui aux progrès des sciences et de leurs applications : le comte d'Auxiron et le marquis Ducrest, ses compatriotes, le premier capitaine dans un régiment d'artillerie, le second, frère de Mme de Genlis et colonel en second du régiment d'Auvergne; M. de Follenay, maréchal de camp, qui adopta ses idées avec un véritable enthousiasme, et d'autres encore qu'il est inutile de nommer.

Un examen attentif et raisonné de la pompe à feu de Chaillot confirma M. de Jouffroy dans les espérances qu'il en avait conçues, et il crut le moment venu de soumettre son plan à ses nouveaux amis.

Le marquis Ducrest, qui appartenait à l'Académie des Sciences, se chargea de convoquer chez lui une petite réunion composée de quelques-uns de ses collègues et d'un petit nombre d'hommes choisis parmi les plus éclairés, à l'effet de se prononcer sur la question, et, au cas où elle semblerait théoriquement résolue, sur la mise en pratique d'un système d'application immédiate. MM. d'Auxiron, de Follenay et Constantin Perrier avaient été convoqués. La question fondamentale, de savoir s'il y avait lieu d'essayer le nouveau mode de navigation, fut résolue affirmativement à l'unanimité après une courte délibération ; mais ce fut différent lorsqu'on en vint au second point. Aux idées de M. de Jouffroy Constantin Perrier opposa une sorte de contre-projet combiné à la hâte et basé sur des calculs erronés. Ce projet prévalut, grâce à la haute réputation dont jouissait Constantin Perrier comme ingénieur, et malgré la vive opposition de MM. d'Auxiron et de Follenay. Le premier, malade et presque mourant, écrivait au marquis de Jouffroy, quelques jours plus tard : « Courage, mon ami : vous seul êtes dans le vrai ! » Le second, n'acceptant point la défaite, continuait de recueillir des adhésions et des souscriptions pour la réalisation des vues de son ami.

Dans cette circonstance comme dans beaucoup d'autres, l'événement ne tarda pas à donner raison à la minorité contre la majorité. Des essais eurent lieu à Paris avec un bateau auquel on avait adapté l'appareil de Perrier; ils échouèrent complétement, et l'entreprise fut aussitôt abandonnée.

Le marquis de Jouffroy était alors retiré en Franche-Comté, où, fort de sa propre confiance et soutenu par les encouragements de ses amis, il poursuivait avec ardeur l'exécution de ses projets. Ce fut dans sa résidence presque champêtre, à Baume-les-Dames, petite ville située sur la rive droite du Doubs, qu'il apprit l'échec décisif que venait d'éprouver son adversaire; mais il n'avait pas attendu cette nouvelle pour commencer les préparatifs de ses premiers essais.

On croira sans peine que Baume-les-Dames ne possédait point de mécaniciens ni d'ingénieurs. L'artisan de la localité dont la profession se rapprochait le plus de celle de constructeur de machines, était un simple chaudronnier. Ce fut à lui que M. de Jouffroy confia le soin de fabriquer un cylindre pour sa machine, et l'honnête ouvrier parvint, à force de travail et de patience, à mettre au jour un fort beau cylindre en cuivre poli, cerclé de bandes de fer. Le bateau fut également construit à Baume : il avait environ 13 mètres de long sur 2 de large. Ses organes moteurs étaient des palettes disposées à l'instar du pied des oiseaux aquatiques, c'est-à-dire ajustées deux à deux par des charnières, de telle sorte qu'elles s'ouvraient et offraient à l'eau une large surface de résistance lorsqu'elles étaient poussées de l'avant à l'arrière, tandis que le mouvement contraire les refermait et les réduisait à l'épaisseur de la double planchette dont elles étaient formées. Cette sorte de rames avait été inventée, en 1759, par un ecclésiastique du canton de Berne, l'abbé Genevois. On le désigne sous le nom d'appareil ou système *palmipède*. Celles que M. de Jouffroy adapta à son bateau étaient au nombre de deux de chaque côté, fixées à une tige de 2 mètres 60 cent. de long. Le mouvement leur était transmis par une chaîne de fer enroulée sur une poulie, et tenant d'un côté à la tige du piston, de l'autre à celle du châssis. Le moteur était une machine de Watt à simple effet, sans balancier. Le contre-poids, ordinairement suspendu à l'extrémité de cette dernière pièce, était fixé à l'extrémité de la tige du châssis; il servait à ramener celui-ci vers l'avant, et par conséquent à le fermer lorsque le piston montait; et le même piston, en retombant, exerçait, par la chaîne, sur la tige du châssis une traction qui le rouvrait en le faisant revenir vers l'arrière. C'était, comme on le voit, une véritable *natation*, tout à fait semblable à celle des cygnes ou des canards, et c'était aussi le seul mouvement qui pût être produit convenablement par la machine dont disposait l'inventeur.

Le pyroscaphe fut lancé, en juin 1776, sur le Doubs, où il

navigua pendant deux mois avec assez d'aisance, mais avec une vitesse qui n'était pas précisément celle du vent. Cette lenteur avait deux causes : la première venait de la machine qui, comme nous le savons, ne produisait d'effet utile qu'au moment où le piston descendait, et qui d'ailleurs n'avait pas été construite dans les meilleures conditions possibles. La seconde résidait dans les nageoires mêmes, qui, lorsqu'elles avaient à vaincre un courant un peu fort, ne s'ouvraient qu'à demi, la résistance qu'elles rencontraient se trouvant à peu près égale dans les deux sens. Ce dernier défaut était le plus facile à corriger : ce fut pourtant celui qui frappa davantage l'inventeur, et lui inspira l'idée de remplacer ses châssis mobiles par des roues à aubes, qui convenaient beaucoup moins bien au genre de mécanisme que comportait le jeu intermittent du moteur.

Pour adapter à son pyroscaphe ce nouveau propulseur, M. de Jouffroy dut mettre en œuvre beaucoup plus de ressources d'imagination qu'il ne lui en eût fallu pour corriger les défectuosités du premier; mais on doit lui rendre cette justice, qu'il se tira d'embarras, dans cette circonstance, par une combinaison aussi ingénieuse et aussi satisfaisante que le comportaient l'état de la mécanique à son époque, les circonstances peu favorables où il se trouvait, et l'exiguïté des ressources matérielles dont il pouvait disposer.

Il fit construire à Lyon une machine aussi différente de la première par ses dispositions que par ses dimensions.

Elle avait deux cylindres de vingt et un pouces de diamètre et cinq pieds de course, légèrement inclinés l'un vers l'autre, et communiquant entre eux par un tube qui recevait la vapeur. Une lame métallique, ou tiroir, parcourant ce tube, laissait pénétrer alternativement le fluide dans chaque cylindre. Les tiges des pistons étaient munies d'un anneau d'où partait une chaîne qui s'enroulait sur un même arbre horizontal, et, par l'intermédiaire d'une crémaillère à rochets s'engrenant dans les canne-

6

lures de l'arbre, imprimaient aux roues un mouvement constant de rotation.

Cette machine fut installée sur un bateau ayant 46 mètres de long sur 5 de large, et tirant un mètre d'eau. Le diamètre des roues était de 4 mètres 60 centimètres ; les aubes, larges de 2 mètres, plongeaient de 66 centimètres dans l'eau. Le navire, avec sa machine et sa charge, pesait en tout 327 milliers. Il fut lancé sur la Saône, à Lyon même ; et, le 15 juillet 1783, une expérience solennelle eut lieu en présence des membres de l'Académie des Sciences de Lyon, de plusieurs personnages éminents, et d'une foule immense qui se pressait sur les quais pour assister à ce curieux spectacle. La Saône était alors au-dessus du niveau des moyennes eaux. Ainsi que M. de Jouffroy l'avait annoncé, le bateau, dit le procès-verbal, « remonta contre le cours de l'eau de la Saône *sans le secours d'aucune force animale, et par l'effet seul de la pompe à feu,* pendant un quart d'heure environ ; après quoi M. de Jouffroy mit fin à son expérience. »

Un quart d'heure, dira-t-on, ce n'était guère. — C'était autant qu'il en fallait pour consacrer le principe et le fait de la navigation par la vapeur. Obligé de viser beaucoup à l'économie, l'inventeur n'avait prétendu montrer qu'une machine et un bateau *d'essai.* Pour le service régulier qu'il voulait établir sur la Saône, l'un et l'autre étaient tout à fait insuffisants : il ne se le dissimulait point ; mais il considérait l'expérience comme assez concluante pour que des spéculateurs intelligents et hardis lui accordassent, en toute sécurité, la coopération dont il avait besoin. Il trouva en effet une compagnie qui consentit à tenter l'entreprise, pourvu qu'il obtînt du gouvernement un privilége de trente années au moins. Il adressa, en conséquence, au ministre Calonne une demande accompagnée du procès-verbal authentique de l'expérience du 15 juillet.

M. de Calonne crut devoir consulter l'Académie des Sciences, qui, sur son invitation, nomma, pour examiner le projet, une commission de trois membres, parmi lesquels figurait Constantin Perrier, le même qui avait échoué peu de temps auparavant dans une tentative analogue. Ainsi l'on donnait pour juge à M. de Jouffroy un rival qui avait une sorte de défaite à venger. La commission conclut, et avec elle l'Académie et le ministre, que le privilége serait accordé pourvu que M. de Jouffroy vînt à Paris renouveler son expérience devant les commissaires. Il fut dit, en outre, que cette expérience, pour être considérée comme décisive, devrait consister « à faire remonter sur la Seine l'espace de quelques lieues, au moyen de la pompe à feu, un bateau chargé de 300,000 livres. » Mais, à cette condition même, et dans le cas où l'épreuve serait constatée d'une manière irrécusable, la durée du privilége ne devait pas excéder quinze années.

Lorsqu'il reçut avis de cette décision inique, le marquis de Jouffroy n'essaya même pas d'obtenir de la compagnie qu'elle se chargeât des dépenses qu'exigerait une semblable épreuve : il sentit l'impossibilité de lutter contre des préventions et une malveillance qui rendaient sa condamnation presque certaine d'avance. Si sa fortune le lui eût permis, peut-être se fût-il décidé néanmoins à courir les chances qui lui étaient offertes ; mais les ressources lui manquaient. Il se courba donc sous l'arrêt, et se résigna, non-seulement à la douleur d'avoir prodigué sans fruit son temps, sa peine et son argent, mais au ridicule qu'on ne manqua pas de lui infliger en lui donnant le sobriquet de *Jouffroy la Pompe*, et en le raillant sur « sa folle prétention à faire accorder le feu et l'eau. » Puis la Révolution éclata. Royaliste ardent, M. de Jouffroy dut émigrer en 1790. Il entra bientôt après dans l'armée de Condé, et redevint exclusivement ce qu'il avait été d'abord, un *officier du roi*. On lui conseilla vainement de porter sa découverte en Angleterre ; il ne voulut point doter une nation étrangère d'un bienfait qu'il avait destiné à son pays. Lorsqu'il rentra en France, en 1815, la navigation à vapeur n'était déjà plus à créer.

CHAPITRE II

Essais de navigation par la vapeur aux États-Unis et en Angleterre. — James Rumsey. — Ficht. — Miller et Symington. — Lord Stanhope.

Avant d'arriver à l'époque mémorable où la navigation par la vapeur devint enfin un fait accompli, devant la réalité duquel les plus sceptiques durent s'incliner avec admiration, il nous reste à signaler encore quelques-uns des essais infructueux qui se produisirent pendant les dernières années du xviiie siècle. En France, la gravité des événements politiques ne laissait guère aux savants la tranquillité nécessaire pour se livrer à de semblables études. Mais dans le même moment, les États-Unis d'Amérique venaient de conquérir par les armes leur indépendance, et déjà cette république de pionniers, qui se donnait mission de fonder dans le nouveau monde une civilisation nouvelle, reprenait sa lutte contre la nature avec la même ardeur qu'elle avait déployée dans sa lutte contre l'Angleterre.

Tout était à créer dans l'immense pays qui constituait son domaine. J'entends tout ce qui est du ressort de l'activité humaine; car pour ce qui est des richesses naturelles, jamais la Providence ne s'en était montrée plus prodigue envers aucun peuple. Les voies de communication, par exemple, ne manquaient point : c'étaient ces fleuves larges et rapides qui traversent les forêts et les prairies, tournent ou franchissent les montagnes, et vont enfin verser dans l'Océan, par de larges embouchures, leurs ondes impétueuses. Mais sur ces fleuves, les transports d'hommes et de marchandises n'étaient possibles que dans une seule direction : de l'intérieur des terres au bord de la mer. Car ni voiles, ni rames ne suffisaient pour lutter contre le courant, et le halage était également impraticable sur des rives escarpées, hérissées de forêts et de rochers. Il était donc de la plus haute importance, pour ce peuple essentiellement travailleur, remuant et trafiquant, de découvrir, ou tout au moins de s'approprier une force capable de ramener à leur point de départ les bateaux qui avaient une fois descendu les fleuves. Aussi M. L. Figuier a-t-il pu dire avec raison que, « la vapeur eût-elle été inutile au reste du globe, il aurait fallu l'inventer tout exprès pour ces vastes contrées. »

Par une heureuse circonstance, lorsque, la guerre de l'Indépendance étant terminée, l'activité industrielle commença de reprendre son essor dans les états de l'Union, James Watt venait justement de doter la civilisation du moteur admirable que nous avons décrit plus haut : la machine à double effet. Deux ingénieurs américains s'emparèrent aussitôt de ce précieux talisman, et s'efforcèrent de l'appliquer à la navigation fluviale : c'étaient James Rumsey et Ficht.

Le premier essaya d'abord d'une sorte de pompe qui frayait un passage au bateau, en absorbant l'eau à l'avant pour la rejeter à l'arrière. Ce procédé était emprunté à Daniel Bernouilli, qui l'avait proposé quelques années plus tôt, le croyant préférable à l'emploi des roues à aubes ; en quoi il avait été approuvé par le célèbre Benjamin Franklin, qui conseilla à Rumsey d'adopter ce système. L'expérience ne tarda pas à en démontrer l'insuffisance ; néanmoins, soit qu'il fût prévenu contre les appareils essayés auparavant par le marquis de Jouffroy, soit qu'il tînt à honneur de faire du nouveau, Rumsey ne voulut recourir ni aux roues ni aux châssis mobiles, et s'imagina de donner des *jambes* à son bateau, en le munissant en dessous de longues perches qui devaient le pousser en avant, en s'appuyant sur le lit de la rivière. Ce système réussit encore moins que le premier. Rumsey, comme presque tous les inventeurs qui ne voient point leurs espérances se réaliser, accusa, non son insuffisance ou son impéritie, mais l'aveuglement et l'ingratitude de ses concitoyens. Il passa, en 1789, en Angleterre, où il fut accueilli et encouragé par plusieurs personnages distingués, qui lui fournirent les moyens de renouveler ses essais. Le résultat, hélas ! ne fut pas meilleur sur la Tamise qu'il n'avait été sur les fleuves du nouveau monde. Rumsey fut abandonné de ses associés, et, bientôt après, oublié.

Son concurrent Ficht n'eut pas une meilleure destinée. Il voulait, sans chercher d'autres propulseurs que ceux dont l'expérience des siècles avait démontré l'excellence, employer simplement la machine à vapeur à mettre en mouvement des rames ordinaires, et il trouva dans son pays des capitalistes auxquels son projet inspira d'abord assez de confiance pour qu'ils engageassent dans l'entreprise des sommes considérables. Plusieurs essais consécutifs eurent lieu; ils dissipèrent les illusions des spéculateurs, lesquels se hâtèrent de reprendre ce qui restait de leur argent, mais non celles de l'inventeur, qui vint chercher fortune en France. Il choisissait mal son temps : l'orage révolutionnaire était sur le point d'éclater. Le gouvernement, toutefois, parut d'abord disposé à s'intéresser aux tentatives de Ficht; mais quelques mois s'étaient à peine écoulés que ce gouvernement, c'est-à-dire l'antique monarchie française, s'écroulait, on sait comme. Le gouvernement qui lui succéda ne s'occupa de rien moins que de bateaux à vapeur.

Cependant l'Angleterre ne restait point indifférente à l'étude du grand problème dont on poursuivait en Amérique la solution avec tant d'ardeur. Outre que les esprits adonnés aux sciences y étaient stimulés par le glorieux exemple de Watt, ceux qui savaient plonger dans l'avenir un regard clairvoyant ne devaient point se dissimuler que, si l'application de la machine à vapeur à la propulsion des navires était de nature à rendre aux habitants de l'Union des services signalés en ce qui concernait leurs voies de communication intérieure, elle ne devait pas être moins vivement désirée au sein d'une nation dont toute la puissance résidait dans sa marine, et qui avait déjà conquis l'empire des mers. La question était donc à l'ordre du jour dans la Grande-Bretagne aussi bien que de l'autre côté de l'Atlantique ; mais, mettant à l'étudier le flegme réfléchi qui leur est habituel, moins pressés d'appliquer et de jouir que les fougueux citoyens du nouveau monde, plus directement intéressés d'ailleurs dans les événements qui ébranlaient alors l'Europe entière, les Anglais laissaient mûrir le fruit avant de songer à le cueillir.

Ce n'est pas, néanmoins, que plusieurs tentatives pratiques n'aient eu lieu en Angleterre ; mais elles eurent peu de retentissement, et il ne semble pas que leurs auteurs les aient considérées autrement que comme des essais purement spéculatifs, par lesquels ils avaient en vue de s'éclairer, de se mettre en possession des éléments du problème, et nullement d'en dégager la solution.

Parmi ces tentatives, nous citerons seulement celle que fit, en 1791, le mécanicien Miller, de concert avec un ingénieur nommé Symington. Miller possédait à Dalswinton une vaste propriété renfermant un lac, sur lequel il se livrait depuis quelques mois à des expériences dans le but de substituer les roues aux avirons, tout en ayant recours, pour les tourner, à la force musculaire des hommes d'équipage, lorsqu'un de ses amis lui conseilla de faire mouvoir ces roues à l'aide d'une pompe à feu. Cette idée le séduisit, et il s'entendit aussitôt avec Symington pour la mettre à exécution. Un bateau de 18 mètres de long fut construit ; il était destiné seulement à porter les passagers et le chargement ; quant à la machine, elle fut établie sur un autre bateau plus petit, et qui devait remorquer le précédent. Cette combinaison, ou plutôt cette complication inutile et niaise, ne pouvait produire que de mauvais résultats ; le mécanisme était d'ailleurs sujet à des dérangements qui compromettaient à chaque instant la conservation des bâtiments et la sécurité des navigateurs. Un accident faillit un jour faire couler le bateau remorqueur, et Miller dut se trouver heureux d'en être quitte pour des avaries qui mettaient tout son système hors de service. Il jugea prudent de ne plus courir de semblables chances, et ne poussa pas plus loin son entreprise.

Dans le même temps, un riche amateur de mécanique s'occupait de renouveler les essais du marquis de Jouffroy. C'était lord Stanhope, qui fit construire un bateau armé de nageoires articulées, mues par une puissante machine. Lord Stanhope reçut un jour d'un jeune ingénieur américain, qui avait eu connaissance de ses essais, une lettre dans laquelle cet ingénieur l'engageait à renoncer au système palmipède pour revenir aux roues à aubes, et lui offrait d'ailleurs de donner à Sa Seigneurie tout le concours dont elle pourrait avoir besoin. Soit négligence ou vanité, lord Stanhope ne tint point compte des avis de son correspondant, et dédaigna ses offres. Il reconnut ensuite, mais trop tard, qu'il avait commis une faute ; car il échoua dans son entreprise, tandis que l'ingénieur américain faisait naviguer sur les fleuves du nouveau monde ses pyroscaphes chargés de centaines de passagers, et rendait son nom immortel. Cet ingénieur s'appelait ROBERT FULTON.

CHAPITRE III

Robert Fulton. — Son origine. — Son enfance. — Son premier état. — Il vient en Europe, et renonce à la peinture pour s'occuper de mécanique. — Inventions diverses. — Le *Torpedo*. — Fulton en France. — Le panorama. — Association de Fulton avec R. Livingston. — Construction d'un bateau à vapeur. — Désastre réparé. — Expérience sur la Seine. — Vaines démarches auprès de Napoléon. — Lettre de Fulton aux directeurs du Conservatoire. — Offres du gouvernement britannique. — Second séjour en Angleterre. — Retour à New-York. — Établissement de la navigation par la vapeur aux États-Unis. — La frégate *le Fulton I*er. — Mort de Fulton. — Honneurs qui lui furent rendus. — Son caractère. — La vérité sur ses rapports avec Napoléon.

Bien que Fulton puisse être considéré comme un de nos contemporains, et qu'il ait été personnellement connu de beaucoup d'hommes encore vivants, il n'a point échappé aux effets de la manie qui possède la plupart des biographes, de transformer en héros fantastiques les personnages célèbres dont ils écrivent l'histoire. On s'est plu à faire de lui une sorte de prophète méconnu par les puissants de son époque, et vengé par de terribles événements; on a grandi ou rapetissé, altéré en tout cas la vérité, pour l'accommoder aux exigences des combinaisons dramatiques au milieu desquelles on voulait lui faire jouer le rôle principal, et l'on a composé ainsi sur son compte tout un roman, dont le public a été dupe, comme toujours. C'est tout récemment que, grâce aux recherches sérieuses et au remarquable travail de M. L. Figuier sur les découvertes modernes, et notamment sur la vapeur et ses applications, la lumière s'est faite sur les inventions et sur les inventeurs, et les personnages réels ont reparu à la place des personnages travestis qu'on leur avait substitués.

Nous n'avons point, quant à nous, dessein d'insister, pour le moment du moins, sur toutes les particularités de la vie de Fulton, non plus que nous n'avons fait au sujet de Papin, de Watt et des autres. En retraçant les circonstances éminemment dignes d'intérêt qui ont précédé ou suivi la grande découverte dont nous avons à parler dans ce chapitre, nous ne nous écarterons point de la règle que nous nous sommes imposée, et que nous avons déjà suivie, comme on l'a pu voir lorsqu'il s'agissait de rechercher l'origine de la machine à vapeur elle-même. Cette règle est de faire impitoyablement justice des fables, quelque élégantes et poétiques qu'elles puissent être, de rétablir la vérité historique toutes les fois qu'elle se présente avec les garanties désirables de certitude, et, dans le doute enfin, de nous abstenir, conformément au judicieux précepte de la sagesse des nations.

Les parents de Robert Fulton étaient de pauvres Irlandais qui, fuyant la misère endémique de leur malheureuse patrie, étaient venus, vers le milieu du siècle dernier, s'établir en Amérique, dans le comté de Lancastre (état de Pensylvanie). Il naquit à Little Britain, en 1765. Son père étant mort trois ans après, il resta seul avec sa pauvre mère, qui ne put lui faire donner d'autre instruction première que celle que recevaient à l'école les enfants du village, et dut l'envoyer fort jeune en apprentissage chez un bijoutier de Philadelphie.

Mais l'enfant se sentait peu de goût pour cette profession; son penchant le portait invinciblement vers les arts et les sciences. Il continua néanmoins de subir pendant quelque temps l'impérieuse loi de la nécessité, tout en consacrant ses moments de loisir à compléter autant que possible son éducation un peu trop élémentaire, et particulièrement à étudier le dessin et la peinture; car le jeune Fulton se croyait une vocation décidée pour l'art des Raphaël et des Van Dyck. La vérité est que, sans avoir en lui l'étoffe d'un maître, il avait ce qu'il fallait pour devenir un peintre passable, et se créer, avec le secours de ses pinceaux, une existence honorable et indépendante. Ce fut ce qui arriva.

Lorsqu'il se sentit assez fort pour entrer dans la carrière, il prit un jour congé de son patron le joaillier, et se mit à parcourir les environs de Philadelphie, vendant quelques petits tableaux et faisant des portraits à bon marché dans les auberges. Ce métier de peintre ambulant lui réussit ; avec les sommes qu'il en retira, il se fixa dans un des beaux quartiers de Philadelphie, et devint bientôt un miniaturiste fort achalandé dans cette ville, où sans doute les concurrents n'étaient pas nombreux. L'aisance vint avec le travail, et le premier usage que fit notre artiste de sa richesse relative, fut d'assurer à sa mère une existence heureuse et tranquille ; il l'établit dans une ferme, dont il fit pour elle l'acquisition dans le comté de Washington.

Mais la Providence allait bientôt l'appeler à d'autres destinées. Ce fut en revenant d'installer sa mère dans le petit domaine dont sa tendresse filiale la faisait dame et maîtresse, que, s'étant arrêté dans un établissement d'eaux thermales, il y fit la connaissance du peintre Samuel Scorbitt. Celui-ci conçut une si haute opinion de l'avenir artistique de Fulton, qu'il l'engagea à aller se perfectionner à Londres, où il trouverait dans leur compatriote Benjamin West un maître, un protecteur et un ami.

L'idée d'aller tenter la fortune en Angleterre séduisit promptement l'esprit aventureux du jeune peintre. Il partit, muni de quelques poignées de dollars et d'une chaude recommandation de Scorbitt pour Benjamin West, dont l'accueil cordial et presque paternel dépassa encore les espérances qu'il en avait conçues. Il devint l'élève et le commensal de ce peintre, qui jouissait alors à Londres d'une grande réputation. Mais dès son arrivée dans la capitale des Iles Britanniques, Fulton avait été vivement frappé par l'aspect du prodigieux mouvement commercial et industriel de cette immense cité. Il voulut visiter les navires, les magasins, les usines, les manufactures; il s'arrêta surtout avec un intérêt presque fiévreux à examiner la merveille nouvellement éclose qu'en Amérique on ne connaissait guère que de nom à cette époque : la machine à vapeur; et cette vue fit bouillonner dans son cerveau tout un monde de pensées, de rêves et de projets tumultueux. Il négligea la peinture, et cessa peu à peu de fréquenter l'atelier de West, pour se mettre en rapport avec des savants et des ingénieurs, et s'initier aux secrets de la physique et de la mécanique. Une nouvelle vocation se révélait à lui, et ce devait être celle du reste de sa vie.

Il parcourut les principales villes manufacturières de la Grande-Bretagne, et résida deux ans à Birmingham. De retour à Londres, il y trouva son compatriote Rumsey, dont nous avons exposé, dans le chapitre précédent, l'infructueuse tentative pour appliquer la vapeur à la navigation. Fulton se passionna pour cette idée, qui devint dès lors le sujet de ses méditations presque constantes. Ayant appris que le comte de Stanhope avait tenté de la réaliser à l'aide du propulseur palmipède, il lui écrivit, comme nous l'avons vu, pour lui conseiller de préférence l'emploi des roues à palettes, et pour lui proposer ses services. Le noble lord n'ayant point tenu compte de ses conseils et de ses offres, il pensa que le moment n'était pas encore venu pour cette invention de passer du domaine de la théorie dans celui des faits pratiques, et il fixa momentanément sur d'autres objets son attention mobile et sa féconde intelligence. Il mit au jour, dans l'espace de quelques mois, plusieurs projets, dont un, celui auquel il attachait le plus d'importance, était relatif à un nouveau système de canalisation; mais n'ayant obtenu, ni auprès du gouvernement anglais, ni de la part des sociétés scientifiques et des compagnies financières l'appui qu'il sollicitait pour l'exécution de ses plans, il prit le parti de quitter l'Angleterre, et se rendit en France, où il espérait être mieux accueilli. C'était en 1796. Fulton essaya sans succès de faire accepter, soit par le Directoire, soit par les financiers, son plan de canalisation. Il se mit alors à imaginer une sorte de machine de guerre sous-marine, qu'il appela *torpedo*, et qui était destinée à transporter, entre deux eaux, des boîtes pleines de poudre jusque sous la quille des vaisseaux ennemis, pour les faire sauter. Après quelques expériences qui lui parurent satisfaisantes, Fulton soumit son appareil au Directoire. Comme la France était alors en guerre avec l'Angleterre, et que nos ports et notre commerce avaient beaucoup à souffrir des attaques continuelles des vaisseaux anglais, le Directoire pensa qu'une machine propre à faciliter la défense des côtes méritait d'être examinée. En conséquence, le projet de l'ingénieur américain fut renvoyé au ministre de la guerre, qui nomma une commission pour l'essayer; mais, après quelques lenteurs, et malgré le rapport favorable de cette commission, Fulton reçut l'avis qu'on ne pouvait décidément donner suite à son entreprise.

Cependant ses ressources s'épuisaient. Le gouvernement hollandais, auquel il fit proposer son bateau sous-marin, ne se montra pas plus disposé que le Directoire français à en faire usage. Fulton fut alors contraint de chercher de nouveau, dans l'exercice de son ancienne profession, les moyens d'existence que ses inventions ne pouvaient lui procurer. Heureusement un de ses compatriotes, nommé Joël Barlow, qui l'avait pris en grande affection, eut en ce temps l'idée d'établir à Paris un spécimen du *panoroma* récemment inventé par l'Écossais Robert Barner. Il chargea Fulton d'exécuter les peintures qui devaient figurer dans ce nouveau genre d'exhibition, dont le succès leur assura à tous deux des revenus de quelque importance.

Fulton retrouva le courage avec l'aisance. Le Directoire étant tombé sur ces entrefaites pour faire place au Consulat, il n'hésita pas à renouveler auprès du général Bonaparte les démarches qu'il avait inutilement faites auprès du gouvernement déchu, pour obtenir un examen sérieux de son *torpedo*. Des fonds lui furent alloués, et de nouvelles expériences eurent lieu à Brest et au Havre. Elles n'eurent point les résultats que l'inventeur avait annoncés, et, après avoir été suspendues et reprises plusieurs fois, elles furent enfin définitivement abandonnées. « Les admirateurs du génie de Fulton, dit avec raison un de ses biographes, doivent préférer pour sa gloire que son nom ne soit pas resté attaché à un moyen atroce de détruire les hommes. »

Quant à lui, il est permis de croire que cet échec lui causa quelque dépit ; car il prit, vers la fin de 1801, la résolution de quitter la France, et il allait partir en effet, lorsqu'il entra en relations avec le chancelier Robert Livingston, ambassadeur des États-Unis à Paris. Ce diplomate était un homme intelligent, très-versé dans les sciences. Il avait exécuté en 1797, sur l'Hudson, plusieurs essais relatifs à l'emploi des bateaux à vapeur ; et, bien que ces essais n'eussent point réussi, il était loin d'avoir renoncé à poursuivre des projets dont la réalisation lui paraissait devoir procurer à son pays d'incalculables avantages. Ayant eu sur ce sujet quelques entretiens avec Fulton, il conçut une haute opinion des facultés inventives et des connaissances pratiques de cet ingénieur ; il l'exhorta à renoncer à ses appareils sous-marins, à reprendre ses recherches touchant la navigation par la vapeur, et à demeurer au moins provisoirement en France, afin de s'occuper sérieusement avec lui de mener à bonne fin une entreprise dont les résultats, dans un prochain avenir, ne pouvaient manquer de le dédommager amplement de ses déceptions passées. Livingston insista surtout auprès de son concitoyen sur la puissance et la prospérité dont une semblable découverte serait la source pour leur commune patrie ; et, disons-le à l'honneur de Fulton, cette considération suffit pour faire cesser en lui toute hésitation. Il fut convenu entre les deux nouveaux amis que le premier fournirait les fonds nécessaires aux expériences, dont l'exécution était entièrement confiée au second ; et aussitôt ce traité conclu, Fulton se remit à l'œuvre avec une généreuse ardeur.

En 1802, il accompagna à Plombières Mme Barlow, que sa santé obligeait à y aller prendre les eaux ; et ce fut là, sur l'Eaugronne, petite rivière qui traverse la ville, qu'il fit manœuvrer pour la première fois une embarcation pourvue d'une machine faisant mouvoir, par le moyen d'une chaîne sans fin, deux chapelets de rames courtes, larges et légèrement concaves. Il revint à Paris assez satisfait des résultats qu'il avait obtenus par ce moyen ; mais, en arrivant, il apprit qu'un certain Desbloues, ayant expérimenté en grand le même système, avait complétement échoué. Il revint alors aux roues à palettes dont il avait jadis conseillé l'emploi à Rumsey et à lord Stanhope ; il calcula théoriquement, avec toute l'exactitude possible, les dimensions à donner à ces roues et la force nécessaire pour leur faire produire un effet suffisant ; puis, sans s'arrêter à des essais préparatoires qu'il jugeait inutiles, il mit immédiatement sur chantier, à l'île des Cygnes, un bateau à peu près de la grandeur de ceux que nous voyons naviguer aujourd'hui entre Paris et quelques-unes des localités voisines qu'arrose la Seine (1).

Malheureusement le bateau se trouva trop faible pour la machine, ou la machine trop lourde pour le bateau ; en sorte qu'un matin, alors qu'il croyait toutes choses prêtes pour commencer ses expériences, Fulton, en arrivant à l'île des Cygnes pour diriger les derniers préparatifs, eut la douleur d'apprendre que la Seine avait tout englouti. Le sauvetage fut lent et difficile ; on parvint cependant à retirer la machine, qui, au bout de quelques semaines, fut réinstallée dans un autre bateau de 33 mètres de long sur 2 mètres et demi de large.

L'expérience put enfin s'effectuer dans les meilleures condi-

(1) Pour établir la priorité de son invention, Fulton adressa aux directeurs du Conservatoire des arts et métiers une lettre dont l'original se trouve encore à la bibliothèque de cet établissement, ainsi que les dessins dont l'auteur accompagnait la description de son pyroscaphe. Cette lettre est datée du 4 pluviôse an XI (1803).

tions, le 9 août 1803, en présence d'une foule immense de spectateurs et de plusieurs savants, parmi lesquels figuraient des délégués de l'Académie des Sciences. Ce mémorable événement est raconté, comme on va le voir, dans le *Recueil polytechnique des Ponts et Chaussées* (p. 32 du VIe cahier de l'an XI).

« Le 21 thermidor, on a fait l'expérience d'une invention nouvelle dont le succès complet et brillant aura les suites les plus utiles pour le commerce et la navigation intérieure de la France.

« Depuis deux ou trois mois on voyait, au pied du quai de la Pompe-à-Feu, un bateau d'une apparence bizarre, puisqu'il était armé de deux grandes roues posées sur un essieu comme pour un chariot; et que derrière ces roues était une espèce de grand poêle avec un tuyau que l'on disait être une petite pompe à feu, destinée à mouvoir les roues et le bateau. Des malveillants avaient, il y a quelques semaines, fait couler bas cette construction (1). L'auteur, ayant réparé le dommage, obtint la plus flatteuse récompense de ses soins et de son talent.

« A six heures du soir, aidé seulement de trois personnes, il mit en mouvement son bateau et deux autres attachés derrière, et pendant une heure et demie il procura aux curieux le spectacle étrange d'un bateau mû par des roues comme un chariot, ces roues armées de volants ou rames plates, mues elles-mêmes par une pompe à feu.

« En le suivant le long du quai, sa vitesse contre le courant de la Seine nous parut égale à celle d'un piéton pressé, c'est-à-dire de 2,400 toises par heure ; en descendant, elle fut bien plus considérable. Il monta et descendit quatre fois, depuis les Bons-Hommes jusque vers la pompe de Chaillot ; il manœuvra à droite

---

(1) Le recueil que nous citons était mal informé à cet égard. Il n'y avait eu de malveillance, en réalité, que de la part des lois de la pesanteur, et d'une bourrasque qui, s'étant mise de la partie, avait occasionné l'accident dont le premier bâtiment avait été victime.

et à gauche avec facilité, s'établit à l'ancre, repartit et passa devant l'École de natation.

« L'un des batelets vint prendre au quai plusieurs savants et commissaires de l'Institut, parmi lesquels étaient les citoyens Bossut, Carnot, Volney, Prony, etc. Sans doute ils feront un rapport qui donnera à cette découverte tout l'éclat qu'elle mérite; car ce mécanisme, appliqué à nos rivières de Seine, de Loire et de Rhône, aurait les conséquences les plus avantageuses pour notre navigation intérieure. Les trains de bateaux, qui emploient quatre mois à venir de Nantes à Paris, arriveraient exactement en dix à quinze jours. L'auteur de cette brillante invention est M. Fulton, Américain et célèbre ingénieur. »

Après cette expérience concluante, qui avait eu un certain retentissement, Fulton crut pouvoir compter sur l'appui du gouvernement français, et il fit présenter au premier consul une requête tendant à ce que son système fût soumis à l'examen de l'Académie des Sciences. Mais Napoléon avait conçu déjà quelques préventions contre l'inventeur américain, qu'il considérait comme un aventurier brouillon et comme un rêveur. Il ne voulut point entendre parler de sa nouvelle proposition, et refusa d'en saisir la classe compétente de l'Institut. Cette compagnie n'eut donc pas à se prononcer sur la découverte de Fulton, et ne put par conséquent, comme on l'en a injustement accusée, la déclarer impraticable. Il ne fut nullement question, en cette circonstance, de la descente que Napoléon songea un moment à effectuer en Angleterre, et qui donna lieu, l'année suivante, à la formation du camp de Boulogne. Premièrement, en effet, si le chef du gouvernement français avait déjà conçu alors cette pensée, personne, si ce n'est lui, n'en savait rien, et Fulton n'était certes point dans sa confidence. D'ailleurs, toutes les espérances que fondaient sur l'avenir de leur pyroscaphe les deux associés américains, n'allaient point jusqu'à supposer qu'on pût s'en servir pour traverser le moindre bras de mer. Ils n'avaient en vue que la navigation fluviale, et ils ne croyaient même pas que, sous ce rapport, la France dût tirer de leur procédé des avantages comparables à ceux qui en devaient résulter pour leur propre pays, objet principal de leur sollicitude. Les termes de la lettre écrite par Fulton aux directeurs du Conservatoire des arts et métiers ne sauraient laisser aucun doute à cet égard, et il ne nous paraît point inutile de les citer ici textuellement.

« Mon premier but en m'occupant de ce projet, disait Fulton, était de le mettre en pratique sur les *longues* fleuves en Amérique, où il n'y a pas de chemins de halage, où ils ne sont guère praticables, et où, par conséquent, *le frais* de navigation à l'aide de la vapeur *seront* mis en comparaison avec celui du travail des hommes, et non pas des chevaux, comme en France.

« Vous voyez bien qu'une telle découverte, si elle réussit, *seront* infiniment plus *important* en Amérique qu'en France, où il existe partout des chemins de halage, et des *companies* établies qui se chargent du transport des marchandises à un taux si modéré, que je doute fort si jamais un bateau à vapeur, tout parfait qu'il puisse être, peut rien gagner sur ceux avec chevaux pour les marchandises. Mais pour les passagers, il est possible de gagner quelque chose, à cause de la vitesse. »

Voilà donc réduite à néant la première partie du roman inventé par quelques auteurs relativement à Fulton, à l'offre qu'il aurait faite à Napoléon d'un moyen rapide de descente en Angleterre, au prétendu renvoi de son offre à l'Institut, à la condamnation inique, — inintelligente même, — prononcée par l'élite des représentants de la science, et enfin aux repentirs tardifs de l'empereur vaincu par la coalition et prisonnier de ce même gouvernement anglais, qu'il n'avait pas su foudroyer alors que cela lui eût été facile.... Quant à cette conclusion et à l'incident — tout à fait dramatique et pittoresque, il faut en convenir, — dont on a jugé à propos de la relever, nous dirons un peu plus loin ce qu'il en faut penser. Nous reprenons, pour le moment, le fil de notre narration.

Tandis que Fulton échouait, ainsi que nous venons de le voir, auprès du gouvernement français, Livingston était plus heureux auprès de la législature de l'état de New-York. Ayant envoyé à cette assemblée un compte rendu de ce qui venait d'avoir lieu à Paris, et un plan de ce que lui et Fulton se proposaient d'entreprendre en Amérique, il obtenait le privilége exclusif de la navigation par la vapeur sur toutes les eaux de l'état de New-York, et cela pour vingt années à partir de 1803; mais à la condition que, dans le délai de deux ans, les deux associés construiraient un *navire spécimen*, pouvant remonter le cours de l'Hudson avec une vitesse d'au moins quatre milles (6,400 mètres) à l'heure. Cette condition fut acceptée ; une machine fut aussitôt commandée aux deux célèbres ingénieurs anglais, Watt et Boulton, et Livingston, renonçant à ses fonctions diplomatiques, s'empressa de regagner le nouveau monde, afin d'y préparer l'installation de l'entreprise.

Cependant le gouvernement britannique, tout en restant indifférent à ce qu'il y avait de vraiment utile dans les travaux de Fulton, c'est-à-dire à son système de navigation par la vapeur, avait vu avec une certaine inquiétude les expériences répétées auxquelles il se livrait sur des appareils sous-marins, dont la puissance destructive avait été passablement exagérée, il faut le dire, par les récits venus du continent. Le Parlement s'en émut : les nobles lords voyaient déjà la puissance maritime de l'Angleterre menacée par ces redoutables engins qui pouvaient, disait-on, être lancés entre deux eaux à une grande distance, et venir s'attacher comme d'eux-mêmes aux flancs des vaisseaux, pour les anéantir, un instant après, par une formidable explosion.

Après mûre délibération, les pairs et les ministres ne virent d'autre moyen de conjurer le danger que d'attirer à eux, par des promesses et des offres avantageuses, le terrible auteur de cette diabolique invention. En conséquence, un agent fut secrètement expédié en France, et chargé de faire savoir à Fulton que le gouvernement anglais était disposé à prendre son *Nautilus* et son *Torpedo* en très-sérieuse considération, et à entrer, s'il y avait lieu, en arrangement avec lui, pour l'acquisition de ses procédés. La somme qu'on lui faisait espérer, en cas de réussite, ne s'élevait pas à moins de 15,000 dollars.

Séduit par cette brillante perspective, et peut-être aussi par le désir de faire expier à la France le dédain assez malveillant que ses savants et ses hommes d'État avaient manifesté à l'endroit de ses découvertes, Fulton franchit de nouveau le détroit, et s'en alla recommencer sur les côtes d'Angleterre, contre les bâtiments français, les mêmes expériences qu'il avait exécutées, quelques mois auparavant, sur les côtes de France, contre les navires anglais.

Les résultats en parurent assez sérieux pour qu'on lui proposât de lui donner une forte somme, s'il s'engageait à ne jamais mettre son système en pratique contre la marine britannique. Mais Fulton répondit qu'il ne consentirait à aucun prix à un semblable marché, et que, s'il attachait quelque valeur à son invention, c'était surtout en vue de l'usage qu'il en pourrait faire, le cas échéant, contre les ennemis de sa patrie, quels qu'ils fussent. Cette réponse énergique coupa court aux négociations; les expériences cessèrent, et, à partir de ce moment, il ne fut plus question des bateaux sous-marins de l'ingénieur américain.

Sur ces entrefaites, Fulton reçut de son associé une pressante invitation de se rendre à New-York, où sa présence était indispensable pour surveiller la construction du bateau à vapeur et l'installation de la machine. Il s'embarqua donc à Falmouth au mois d'octobre 1806, et dit à l'ancien monde un éternel adieu. La machine, expédiée de Soho, arriva à New-York en même temps que lui, et les travaux commencèrent aussitôt avec activité. Le constructeur choisi pour les exécuter sous sa direction se nommait Charles Brown.

Au mois d'août 1807, le *steam-boat* modèle, le *Claremont*, était terminé. Ce bateau jaugeait 150 tonneaux. Sa longueur était de 50 mètres sur 5 de largeur, et le diamètre de ses roues, de 5 mètres. L'appareil moteur était une machine à double effet, de la force de dix-huit chevaux.

Cependant les concitoyens de Fulton ne se montraient pas à son égard plus bienveillants que n'avaient été naguère les Français envers l'illustre et malheureux marquis de Jouffroy. On ne désignait pas autrement son bateau que sous le nom de la *Folie-Fulton*. Heureusement, le célèbre ingénieur et son associé n'étaient point hommes à se laisser décourager par les railleries de gens dont l'incrédulité n'avait d'autre base qu'une aveugle ignorance : ils étaient certains d'avance qu'un succès éclatant ne tarderait pas à les venger de vains quolibets ; et, malgré le peu d'accueil qu'avait reçu l'offre faite par eux du tiers des bénéfices futurs à ceux qui voudraient contribuer aux dépenses pour une part proportionnelle, malgré l'insuffisance de leurs ressources et les mille difficultés matérielles d'une tentative où personne ne voulait les seconder, ils purent, le 10 août 1807, lancer leur navire sur la rivière de l'Est. Une foule nombreuse était accourue à ce spectacle, avec l'intention peu charitable de rire aux dépens des inventeurs, dont la déconvenue était considérée comme infaillible. Mais lorsque le *Claremont* flotta sur la rivière, et qu'on vit Fulton, debout sur le pont, diriger les préparatifs de l'expérience sans s'émouvoir des huées et des sifflets qui partaient de tous côtés, une certaine hésitation s'empara peu à peu des esprits. Bientôt on vit des nuages de fumée s'élancer par le large tuyau de la cheminée ; on entendit le bouillonnement de l'eau dans la chaudière ; enfin l'on vit les roues s'animer d'un mouvement d'abord lent et calme, puis soulever des flots d'écume, et le navire, obéissant à leur vigoureuse impulsion, s'éloigner du quai, gagner le large, et, laissant derrière lui un sillage houleux, s'ouvrir rapidement un chemin dans la masse liquide que refoulaient avec force ses puissantes nageoires. Alors un silence profond, le silence de l'étonnement succéda aux cris railleurs de la foule ; un murmure d'admiration s'éleva graduellement, et finit par éclater en bravos enthousiastes que le fier navigateur ne pouvait plus entendre, car son pyroscaphe, remontant le cours du fleuve, l'avait emporté déjà bien loin de son point de départ.

Livingston et Fulton avaient remporté cette fois une victoire décisive. Après avoir fait subir quelques modifications aux organes de leur bateau, et notamment aux roues, dont le trop grand diamètre n'avait pas permis d'atteindre, dans le premier voyage, le maximum de vitesse possible, ils le remirent à flot, et annoncèrent qu'il accomplirait dorénavant un service régulier de transports sur l'Hudson, entre les villes de New-York et d'Albany. Ce nouveau trait d'audace, sans exciter, comme le premier, les railleries des incrédules, inspira peu de confiance au public ; on regardait l'essai de navigation par la vapeur, dont on avait été témoin, comme un tour de force très-extraordinaire et très-curieux ; mais on ne pouvait encore se décider à y voir le prélude d'une révolution sérieuse et durable dans le système des moyens de communication. Bref, le premier voyage d'Albany à New-York eut lieu sans que nul osât confier au *Claremont* ses marchandises, encore moins sa personne. Au moment où le steam-boat chauffait sa machine pour retourner à Albany, un habitant de cette ville, venu à New-York pour ses affaires, s'enhardit jusqu'à tenter le nouveau mode de traversée. Il monte sur le navire presque désert, et, cherchant à qui s'adresser, il trouve dans la cabine un homme seul, écrivant sur une petite table : c'était Fulton. L'étranger lui demande s'il ne s'apprête pas à redescendre à New-York. Sur une réponse affirmative, il annonce qu'il désire se rendre dans cette ville, et compte sur la table six dollars pour prix de son passage. Fulton se lève, prend les pièces d'argent, les compte et les examine silencieusement pendant quelques instants, avec une attention presque contemplative. Le passager croit s'être trompé sur le chiffre de la somme.

« N'est-ce point, dit-il, ce que vous m'avez demandé?

— Pardon, Monsieur, répond Fulton, sortant tout à coup de sa rêverie ; je songeais que voici le premier salaire que j'aie retiré de mes longs travaux sur la navigation par la vapeur... Je voudrais, pour consacrer cet heureux augure, vous prier de partager avec moi une bouteille de vin ; mais je suis, hélas! trop pauvre pour le faire. »

En parlant ainsi, Fulton avait relevé la tête, et l'inconnu put voir deux larmes jaillir de ses yeux expressifs et couler sur son visage.

Ce ne fut que quatre ans après que, s'étant retrouvés dans des circonstances meilleures, ils purent célébrer, le verre en main, leur première rencontre. L'histoire n'a malheureusement pas conservé le nom de ce premier passager du premier bateau à vapeur qui ait accompli régulièrement un service de transports sur un grand fleuve, entre deux grandes cités.

La traversée d'Albany à New-York s'était effectuée en trente-deux heures ; le retour eut lieu en trente heures, avec un vent contraire et sans que les voiles dont le *Claremont* était muni pussent être déployées un seul instant. Or la distance par eau entre New-York et Albany est d'environ 200 kilomètres. Le steam-boat réalisait donc, et au delà, les conditions imposées aux inventeurs par le congrès de l'État. Aucun obstacle ne s'opposait plus à l'essor de la navigation par la vapeur ; aucun, si ce n'est le mauvais vouloir des envieux, qui n'épargnèrent nul moyen pour ruiner directement ou indirectement la nouvelle entreprise. Non contents de chercher à la discréditer par des insinuations mensongères, les propriétaires et patrons des bâtiments à voiles qui naviguaient sur l'Hudson ne rougirent pas de se livrer à des agressions matérielles contre leur redoutable concurrent. Il ne se passait presque point de jour que le *Clare-*

ment n'eût à essuyer, par leur feinte maladresse, des abordages sous lesquels il risqua plusieurs fois de couler bas; et il fallut que la législature de New-York intervînt pour le protéger, en assimilant ces prétendus accidents aux attaques contre la propriété et la sécurité des citoyens, attaques prévues et punies par les lois. Grâce à cette protection et à la faveur croissante dont les environnait l'opinion publique, Fulton et son associé purent poursuivre leur œuvre civilisatrice. Ayant obtenu du congrès de l'Union un brevet en date du 11 février 1809, qui leur assurait le privilége de la navigation par la vapeur sur toute l'étendue du territoire de la République, ils lancèrent, dans le courant de l'année 1811, quatre nouveaux steamers, dont le plus grand, auquel ils donnèrent le nom du *Chancelier de Livingston,* jaugeait 526 tonneaux. L'année suivante, deux bateaux-bacs à vapeur furent mis à flot pour établir des communications entre les deux rives de l'Hudson et entre celles de la rivière de l'Est. D'autres bâtiments furent construits par d'autres compagnies, moyennant un droit payé par elles pour participer au privilége, et le système de la navigation par la vapeur s'étendit ainsi rapidement à toutes les grandes artères fluviales de l'Amérique septentrionale. Enfin Fulton parvint à obtenir du gouvernement central qu'un essai de ce système serait fait dans la marine militaire, et, en 1814, les graves difficultés qui troublèrent les relations des États-Unis avec la Grande-Bretagne ayant fait sentir plus vivement la nécessité de parer, par de puissants moyens, aux éventualités d'une nouvelle guerre avec cette puissance, le congrès confia à Fulton le soin de faire construire, pour la défense du port de New-York, une grande frégate à vapeur.

Cette frégate fut appelée le *Fulton Ier.* Elle avait 48 mètres de long sur 18 de large. Elle se composait de deux moitiés séparées l'une de l'autre par un intervalle où étaient logées la machine et son unique, mais immense roue. Elle portait trente canons, et était, en outre, armée de faux mises en mouvement par la machine, et d'engins destinés à lancer d'énormes jets d'eau froide ou bouillante sur les assaillants. Fulton n'eut point la consolation de voir terminé ce navire gigantesque, œuvre capitale de sa vie. Des procès à soutenir contre les compagnies qui s'arrogeaient le droit d'exploiter son système, l'obligeaient à de fréquents et lointains voyages. Au retour d'une de ces excursions, il fut surpris et retenu pendant plusieurs jours sur l'Hudson par les glaces; sir Emmet, son avocat et son ami, qui l'accompagnait, se trouvant, par suite d'un accident, en danger de périr dans le fleuve, Fulton n'hésita point à lui porter courageusement secours, et réussit, non sans des efforts inouïs, à l'arracher à la mort. Mais lui-même, dès son retour à New-York, tomba gravement malade. A peine convalescent, il voulut aller surveiller la construction de sa frégate; saisi de nouveau par le froid, il éprouva une rechute, et mourut le 24 février 1815.

« Jamais, dit M. Figuier (1), la mort d'un simple particulier n'avait provoqué, aux États-Unis, des témoignages aussi unanimes de respect et de douleur. Les journaux qui annoncèrent l'événement parurent encadrés de noir. Les corporations et les sociétés littéraires de New-York prirent le deuil pour un certain temps, et la législature, qui siégeait alors à Albany, le porta pendant trente jours. C'est le seul exemple d'un témoignage de ce genre accordé, en Amérique, à un simple particulier, qui n'occupa jamais aucune fonction publique, et ne se distingua de ses concitoyens que par ses talents et ses vertus. Toutes les autorités de New-York assistèrent à son convoi, et la frégate à vapeur tira, en signe de deuil et d'honneur, pendant le passage du cortége. »

La mémoire de Fulton est demeurée, en Amérique, l'objet d'une sorte de culte, et ses concitoyens professent pour lui une admiration légitime, bien qu'un peu exagérée, comme le sont d'ordinaire les sentiments où l'amour-propre national a la plus

---

(1) *Exposition et histoire des principales découvertes scientifiques modernes*, 4ᵉ édit., t. I, p. 245.

grande part. En réalité, Fulton ne fut point ce qu'on peut appeler un homme de génie; mais il possédait à un haut degré les facultés, les qualités et aussi les défauts qui caractérisent le peuple américain : nous voulons dire une rare intelligence des choses pratiques, une activité d'esprit extraordinaire, une certaine âpreté au gain, un besoin constant de créer et de produire, enfin une persévérance indomptable, une grande puissance de conception, et une promptitude d'exécution qui n'excluait en lui ni la prudence ni l'habileté. Ambitieux comme le sont tous les hardis spéculateurs, il était encore plus jaloux de son indépendance que désireux d'arriver à la fortune ; et comme quelques amis le pressaient un jour de se lancer dans la carrière des fonctions publiques : « Le président, leur répondit-il, ne dispose pas d'une seule place qu'il me fût agréable d'occuper. »

Il nous reste, pour terminer ce qui concerne Fulton et ses découvertes, à dire encore quelques mots du rôle romanesque qu'on y a fait jouer à l'empereur Napoléon Ier, et du coup de théâtre maritime qu'on a intercalé dans la dernière et lamentable période de la vie du conquérant.

Plusieurs auteurs réputés sérieux ont raconté qu'alors qu'il était prisonnier du gouvernement, et qu'on l'emmenait à Sainte-Hélène sur le *Bellérophon*, le vaincu de Waterloo, promenant un jour sa lorgnette sur l'immensité de l'Océan, aperçut à l'horizon un navire étrange, surmonté d'un panache de fumée, et cinglant avec rapidité, sans le secours d'aucune voile. Il demanda, — dit la fable, — ce que c'était là, et on lui répondit : « C'est la frégate à vapeur le *Fulton Ier*. » A ces mots de frégate à vapeur et au nom de Fulton, une amère pensée de regret aurait traversé l'esprit de Napoléon, et lui aurait arraché une sorte d'amende honorable à l'adresse de l'homme de génie qu'il avait méconnu et de la merveilleuse invention qui eût pu lui livrer à merci cette même *perfide Albion* dont il subissait maintenant la loi. Cet incident, de même que celui du camp de Boulogne, est purement imaginaire. Comme nous venons de le voir, le *Fulton Ier* était exclusivement destiné à la garde des côtes, et c'était là tout le parti qu'il était possible de tirer de cette sorte de forteresse flottante, de cette lourde machine de guerre, tout à fait incapable de s'aventurer au large. Pour qu'elle pût être rencontrée par le *Bellérophon* se rendant à Sainte-Hélène, il eût fallu que la frégate à vapeur américaine accomplît une expédition lointaine, ce qui, dans l'état où se trouvait alors la navigation par la vapeur, était, nous le répétons, tout à fait impossible. Il devait s'écouler un long temps avant qu'il se trouvât des esprits assez audacieux pour proposer une semblable tentative; et, quant à l'exécution, elle ne souleva pas, au début, moins d'incrédulité et de railleries; elle ne rencontra pas moins d'obstacles de toute nature en l'an 1837, que n'avait fait trente années plus tôt le projet, relativement si modeste, de l'ingénieur américain.

CHAPITRE IV

Les bateaux à vapeur en Angleterre. — Henry Bell. — La *Comète*. — Rapides progrès. — Emploi des pyroscaphes sur mer. — Encore le marquis de Jouffroy. — Nouvel échec. — Difficultés et lenteur de l'établissement des bateaux à vapeur en France. — Les steamers appliqués aux voyages de long cours. — Le *Savannah*. — L'*Enterprize*. — Projet de traverser l'océan Atlantique avec la vapeur seule, vivement discuté, réalisé par le *Great Western* et le *Sirius*.

« La création, aux États-Unis, de la machine à vapeur, dit M. L. Figuier (1), était l'événement le plus considérable qui se fût accompli depuis la guerre de l'Indépendance. Les travaux de

(1) Ouvrage déjà cité.

Fulton imprimèrent une activité nouvelle au génie américain. Les divers États virent bientôt se resserrer les liens qui les unissaient. Sur les bords de plusieurs fleuves, déserts jusqu'à cette époque, des nations entières allèrent s'établir pour défricher les terres et fonder des villes. Les bateaux à vapeur portèrent ainsi la vie et le mouvement du commerce sur une foule de points où l'on comptait à peine quelques habitations disséminées : il est reconnu que la culture des districts de l'Ohio, du Missouri, de l'Illinois et d'Indiana fut, par cette invention, avancée de plus d'un siècle. »

L'exemple de si beaux résultats était assurément de nature à entraîner les nations de l'Europe dans une voie où, quoi qu'en eût pensé Fulton, elles n'avaient pas moins d'avantages à recueillir que leur sœur cadette du nouveau monde. Les Anglais surtout ne pouvaient méconnaître l'immense accroissement que promettait à leur marine commerciale et militaire, c'est-à-dire aux deux éléments essentiels de leur puissance et de leur prospérité, une invention dont la réalité pratique n'était plus contestable, et dont les applications futures s'annonçaient sous les plus brillants auspices. Il faut ajouter que, sans rivaux alors dans l'architecture navale et dans l'art de construire les machines à vapeur, ils se trouvaient dans les conditions les plus favorables pour atteindre et dépasser promptement, en fait de navigation à vapeur, leurs rivaux de l'autre côté de l'Atlantique. Cependant, soit que leur audace ordinaire leur ait fait défaut en cette circonstance, soit que le dépit d'avoir été devancés leur fît espérer secrètement qu'un jour ou l'autre l'expérience tentée en Amérique échouerait par la force des choses, et qu'ils voulussent se réserver, en face de cet échec éventuel, la joie facile d'une sorte de triomphe négatif, ils demeurèrent quelque temps spectateurs inactifs des grands événements industriels qui s'accomplissaient aux États-Unis, et dont ils semblaient attendre la conclusion désastreuse ou ridicule.

Mais comme chaque jour, loin d'annoncer un dénoûment pareil, leur apportait la nouvelle de quelque succès : honteux de rester davantage en arrière, et renonçant enfin à tout sentiment de mesquine jalousie pour n'écouter plus que celui d'une noble émulation, ils se décidèrent à se mettre à l'œuvre.

Nous nous trompons, ce n'est pas aux Anglais que revient l'honneur d'avoir inauguré en Europe la navigation par la vapeur. Ce fut en Écosse, dans la patrie de James Watt, que se fit le premier essai d'un pyroscaphe. Cet essai, dû à l'initiative d'un mécanicien nommé Henry Bell, était des plus modestes. Un petit bateau muni d'une machine de la force de *trois chevaux* fut lancé sur la Clyde en 1814, et consacré à un service de transports entre Glasgow et Greenock. Quelques personnes osèrent d'abord s'aventurer sur ce navire, baptisé du nom un peu ambitieux de la *Comète*. Puis peu à peu l'on s'enhardit, et Henry Bell, qui avait pu craindre un instant de perdre son argent et sa peine, se vit bientôt obligé, par l'affluence croissante des marchandises et des passagers, de construire un nouveau steamer, du port de 90 tonneaux, mû par une machine de 30 chevaux. D'autres bateaux encore furent lancés sur la Clyde, dans le courant des années 1815 et 1816, et dirigés sur divers points de l'Angleterre et de l'Écosse. Enfin, en 1817, deux bateaux à vapeur, la *Britannia* et l'*Hibernia* commencèrent un service régulier entre Dublin et Holyhead, sur le petit détroit qui sépare la Grande-Bretagne de l'Irlande, et qu'on appelle le canal Saint-George. La traversée n'est pas longue ; mais c'est une traversée de mer, et lorsqu'on l'eut vue s'effectuer un certain nombre de fois sans l'ombre d'un accident, avec autant de facilité, autant de sécurité, et en beaucoup moins de temps qu'avec les bâtiments à voiles, on ne douta plus que la navigation maritime par la vapeur ne fût possible et avantageuse, au moins dans une certaine mesure. Plusieurs autres lignes s'établirent, non-seulement d'une île à l'autre, mais aussi d'Angleterre en France, en Hollande, en Allemagne, en Espagne... si bien que, dès l'année 1829, l'Angleterre possédait déjà plus de 300 steamers, dont plusieurs, de grande dimension, allaient promener leur panache de fumée dans la Baltique, dans la mer du Nord, dans la Méditerranée et jusque dans la mer Noire.

En France, depuis le moment où Fulton avait vu ses propositions repoussées par le gouvernement impérial jusqu'à la chute de ce gouvernement, il n'avait plus été question de bateaux à vapeur. Mais lorsque, après les désastres de 1814 et 1815, notre patrie, réconciliée avec l'Europe, put voir refleurir dans son sein les arts de la paix, le nouveau mode de navigation fut un des premiers objets dont se préoccupèrent les hommes qui s'intéressaient au progrès des sciences et de l'industrie.

Le marquis de Jouffroy était rentré en France en 1796. Il semblait avoir renoncé tout à fait à ses anciens projets. Seulement il en avait rappelé deux fois l'antériorité : d'abord en 1802, à l'occasion d'essais qui avaient été faits sur la Saône par un nommé Desblancs ; puis en 1803, lors des expériences de Fulton. Mais le retour des Bourbons lui fit tout à coup secouer l'espèce d'apathie dans laquelle il s'était comme endormi. Il reprit confiance dans l'avenir de sa découverte, et sentit se réveiller en lui la légitime ambition qu'il avait eue autrefois d'être le premier à l'appliquer parmi nous. Les événements politiques de cette époque semblaient devoir lui frayer la voie vers le but que tant d'obstacles l'avaient naguère empêché d'atteindre. D'une famille noble, il avait émigré au commencement de la Révolution. Il s'était même enrôlé dans l'armée de Condé, et avait pris part à quelques-unes des échauffourées tentées pour le rétablissement de la monarchie. Il avait donc tous les titres possibles aux faveurs de la cour, et le comte d'Artois (plus tard Charles X) l'honorait de sa bienveillance particulière. Il eut, en outre, le bonheur de rendre quelques services au gouvernement de la Restauration, comme commissaire extraordinaire dans les départements de l'Est. Il lui fut donc facile d'obtenir, avec un brevet d'invention, le privilége d'appliquer à Paris son système de navigation par la vapeur. Le comte d'Artois se déclara le protecteur et le parrain de l'entreprise ; une compagnie financière se forma, et un bateau à vapeur, qui portait le nom du prince, fut construit à Bercy et lancé sur la Seine en grande cérémonie, le 20 août 1816, pendant les fêtes données pour le mariage du duc de Berry.

Hélas ! malgré ce début plein de promesses flatteuses, le malheureux inventeur ne tarda pas à voir s'évanouir de nouveau toutes ses espérances. Il eut à soutenir devant les tribunaux la validité de son privilége, et perdit son procès. Une compagnie rivale, la compagnie Pajol s'établit en face de la sienne. De nos jours, c'eût été là un échec de peu de conséquence, et qui peut-être, en obligeant les deux entreprises à offrir au public de plus grands avantages, eût tourné au bénéfice de l'une et de l'autre. Mais alors le public montrait peu d'empressement à profiter du nouveau mode de transport. Nos ingénieurs, inexpérimentés et pauvres en matériaux convenables, exigeaient des sommes énormes pour construire et installer des machines qui, malgré leur prix élevé, laissaient beaucoup à désirer. Bref, les frais de mise en œuvre eurent bientôt absorbé les fonds versés par les actionnaires de la compagnie Jouffroy, qui refusèrent d'en fournir de nouveaux, et l'entreprise fut ainsi arrêtée court, presque dès son début. La société rivale n'eut pas un sort meilleur, et ne tarda pas non plus à cesser ses opérations, faute de ressources suffisantes.

Le marquis de Jouffroy, ruiné, découragé, renonça dès lors à persévérer dans une lutte trop inégale contre la fatalité bizarre qui s'acharnait à le poursuivre. Il retomba dans une morne apathie, et vécut ainsi, pauvre, obscur, oublié, jusqu'à ce que, la révolution de 1830 ayant renversé une seconde fois la dynastie des Bourbons, il n'eut d'autre ressource, pour mettre sa vieillesse à l'abri du besoin, que de chercher à l'hôtel des Invalides l'asile auquel lui donnait droit son titre d'ancien officier. Ce fut là qu'il mourut du choléra, en 1832, à l'âge de quatre-vingts ans, sans laisser à ses fils d'autre héritage qu'un nom illustre et le souvenir de ses malheurs.

En 1840, l'Académie des Sciences rendit à sa mémoire un tardif hommage, en lui décernant solennellement le titre de premier inventeur de la navigation par la vapeur. Depuis longtemps alors le spectacle des merveilles réalisées aux États-Unis et en Angleterre, avait dessillé les yeux à nos compatriotes ; nos fleuves et nos rivières navigables étaient parcourus par des pyroscaphes de toutes dimensions; notre marine commerciale avait aussi adopté ce genre de bâtiments pour les transports réguliers de voyageurs et de marchandises, non-seulement d'un point à l'autre de notre littoral, mais aussi entre nos ports et les ports les plus voisins de l'Angleterre, de l'Espagne, de l'Afrique, de l'Italie. Des bateaux à vapeur étaient affectés par l'État au service de la poste, et notre marine militaire comptait des avisos, des corvettes et même des frégates à vapeur. Au nombre de ces dernières, nous citerons le *Gomer*, qui fut le premier grand steamer sorti de nos chantiers ; sa machine était de la force de 450 chevaux.

Mais dans les plus grandes applications de la belle découverte de Jouffroy et de Fulton, comme dans les plus élémentaires, nous avions été devancés de loin par les Américains et par nos voisins d'outre-Manche. En 1829, l'Angleterre possédait déjà 331 bateaux à vapeur. En 1833, nous n'en avions que 75, non compris, il est vrai, ceux de l'État, qui n'étaient pas au nombre de plus de 20 à 25. La force des machines employées était ordinairement de 30 à 50 chevaux ; aucune ne dépassait 160 chevaux.

Cependant, la possibilité de naviguer sur mer ayant été une fois démontrée, on n'avait pas tardé à songer que ce moyen de locomotion pourrait aussi être appliqué aux voyages de long cours. Dès 1819, le navire mixte américain le *Savannah* avait accompli, en se servant tour à tour de sa voilure et de sa machine, la traversée de New-York en Angleterre; mais cette première expérience, bien que s'étant effectuée sans accident fâcheux, n'avait pas été concluante : loin de l'emporter en vitesse sur les navires à voiles, le *Savannah* avait mis six jours de plus que n'en mettaient moyennement ces derniers à traverser l'océan Atlantique. Il avait été obligé de prendre un chemin beaucoup plus long, afin de pouvoir toucher à des ports de relâche et renouveler plusieurs fois sa provision de charbon. Six ans plus tard (en 1825), un autre steamer-voilier anglais, l'*Enterprize*, avait fait le voyage de Falmouth aux Indes, en relâchant au cap de Bonne-Espérance ; mais il lui avait fallu soixante-six jours pour atteindre à ce dernier point, et quarante-sept pour arriver du Cap à Calcutta. Enfin un bâtiment hollandais de même espèce s'était rendu, vers le même temps, d'Amsterdam à Curaçao (Antilles), dans des conditions et avec un succès à peu près semblables.

Mais l'application de la vapeur à la navigation maritime devait-elle se borner à de si pauvres résultats? La plupart des marins et des savants n'en espéraient rien de mieux. Ils alléguaient le poids et l'encombrement énormes de la provision de combustible nécessaire pour alimenter sans interruption une machine puissante, pendant une traversée de près de 1,500 lieues; — la dépense excessive qu'occasionnerait un moyen si coûteux de locomotion substitué à l'action toute gratuite du vent; — la perte considérable qu'éprouveraient les armateurs contraints de réduire du tiers ou du quart le chargement du navire; — enfin, les courants contraires qui traversent la route suivie par les bâtiments se rendant d'Europe en Amérique, et les violentes tempêtes qui agitent fréquemment cette partie de l'océan Atlantique. Un petit nombre d'hommes, plus confiants que les savants eux-mêmes dans l'avenir des découvertes scientifiques, plus disposés à s'abandonner à leurs aspirations enthousiastes qu'à écouter la froide logique de l'expérience, répondaient que le génie de l'homme avait déjà triomphé d'obstacles bien autrement sérieux que ceux qu'on mettait maintenant en avant; que, sans doute, l'emploi exclusif de la machine à vapeur pour la propulsion des navires dans des voyages lointains rencontrerait, au commencement, quelques difficultés; mais que ces difficultés ne pouvaient être mises en balance avec les avantages immenses, qu'on ne pouvait méconnaître sans aveuglement ou sans mauvaise foi. Ainsi, ajoutaient-ils, l'encombrement et le poids du charbon ne sont qu'un inconvénient secondaire, la plupart des navires étant obligés d'embarquer, en outre de leurs marchandises, une certaine quantité de lest dont on ne tire souvent aucun parti; d'ailleurs, les frais occasionnés par cet encombrement, ainsi que par le prix du combustible, l'installation, l'alimentation et l'entretien de la machine, seraient aisément et largement compensés par la rapidité du voyage. Quant aux courants et aux vents contraires, il sautait aux yeux qu'un bâtiment à vapeur avait infiniment moins à en souffrir qu'un bâtiment à voiles, et que sa supériorité résidait précisément dans la facilité avec laquelle, au moyen de ses roues seules, et toutes ses voiles étant carguées, il pouvait marcher avec vent contraire, sans que sa marche en fût sensiblement ralentie, et profiter des vents favorables en combinant l'emploi de sa voilure avec celui de sa machine, de manière à obtenir une vitesse extraordinaire.

La discussion de cette importante question agita, pendant plusieurs années, la presse, le commerce, les sociétés savantes; elle s'animait de plus en plus par le choc des partis opposés; des arguments on en était presque venu aux injures, et un illustre professeur de Londres, appelé à Bristol pour donner son opinion, déclara en plein *meeting* que, selon lui, « il était aussi insensé de vouloir franchir d'une seule traite l'océan Atlantique avec la vapeur seule, que de prétendre aller dans la lune..»

Heureusement les armateurs de Bristol, loin d'adopter cet avis décourageant, pensèrent qu'une expérience sérieusement faite, et dans de larges proportions, pouvait seule résoudre le problème et mettre fin à la dispute. Une compagnie se forma; des plans furent dressés; les ingénieurs, les constructeurs de machines, les charpentiers se mirent à l'œuvre; et en 1838, un magnifique navire à vapeur fut lancé à la mer. C'était le *Great-Western* (Grand-Occidental). Il jaugeait 1,340 tonneaux. Ses dimensions étaient à peu près celles d'un vaisseau de ligne de 80 canons. Il était muni de deux machines représentant ensemble une force nominale de 450 chevaux, et ses quatre mâts portaient, en outre, une voilure puissante, destinée à aider ou à remplacer au besoin l'action de la vapeur. Ses roues avaient 8 mètres 1/2 de diamètre, et leurs palettes étaient longues de 3 mètres 1/2.

Au mois de mars de l'année 1838, tous les journaux du Royaume-Uni annoncèrent que *le Great-Western partirait de Bristol pour New-York le 4 avril, sous le commandement du lieutenant Hoskew*. Aussitôt une autre compagnie se décida à faire exécuter le même voyage par le steamer de 700 tonneaux et de 320 chevaux, le *Sirius*, qui avait jusqu'alors navigué entre Cork (Irlande) et Londres, pour le transport des marchandises, des voyageurs et des dépêches.

Grandes furent, dans l'attente de cette joute merveilleuse entre les deux grands pyroscaphes, l'émotion et l'impatience publiques, non-seulement dans les Iles-Britanniques, mais sur le continent européen, et plus encore en Amérique, où la nouvelle ne tarda pas à parvenir.

Le *Great-Western* ne put appareiller aussi tôt qu'on l'avait espéré. Le *Sirius* était prêt avant lui, et put partir, le 5 avril, de la rade de Cork, avec une provision de 500 tonneaux de combustible. Trois jours après, le *Great-Western* quittait le port de

Bristol. Il emportait 660 tonneaux de charbon. Les passagers n'étaient qu'au nombre de sept, d'où l'on voit que la confiance dans le succès de l'entreprise était loin alors d'être générale.

Malgré l'avance qu'il avait sur son rival, le *Sirius* ne le devança que de quelques heures. Le 23 avril au matin, il entrait dans la baie de l'Hudson, en vue de New-York ; et quelques instants après, il jetait l'ancre contre le quai, couvert d'une foule compacte, dont les hurrahs se mêlaient aux volées des cloches et aux salves des batteries de l'île Bradlow. L'enthousiasme était immense. Il fut à son comble lorsque le *Great-Western* parut à son tour, enveloppé des flots d'écume que soulevaient ses roues gigantesques, vomissant par ses cheminées des torrents de fumée ardente, et lorsqu'il vint balancer majestueusement sa vaste carène auprès du *Sirius*. Les habitants de New-York conservent encore le souvenir émouvant de cet événement mémorable qui, en consacrant avec éclat un triomphe de plus remporté sur les éléments par la science et le courage de l'homme, inaugurait, pour le commerce, l'industrie et la civilisation, une ère nouvelle d'incalculables progrès.

Les deux navires effectuèrent leur retour en Europe de la manière la plus heureuse. Le *Sirius* arriva à Falmouth après une traversée de dix-huit jours. Le *Great-Western*, parti de New-York le 7 mai, rentra à Bristol le 22 du même mois, bien qu'il eût eu à lutter, pendant plusieurs jours, contre des vents contraires, et même à essuyer une violente tempête.

La victoire, cette fois, était complète, et l'expérience décisive. Ceux qui, quelques semaines auparavant, prodiguaient leurs sarcasmes hautains aux prétendus rêveurs dont l'imagination avait conçu le projet de traverser l'océan Atlantique à l'aide de la vapeur, n'avaient plus désormais qu'à s'incliner devant l'écrasante évidence des faits. Ils furent contraints d'admirer ce trait de génie, flétri par eux comme un acte de démence, et de reconnaître que la raison vulgaire est trop souvent portée à confondre l'aveugle témérité qui se précipite au-devant des déceptions et des catastrophes, avec la généreuse audace qu'une inspiration supérieure dirige dans l'accomplissement des œuvres vraiment grandes, utiles et fécondes.

Le *Great-Western* ayant *fait ses preuves*, comme nous venons de le raconter, fut affecté par le gouvernement anglais au transport des dépêches et des voyageurs entre la Grande-Bretagne et l'Amérique, de 1838 à 1844. Dans cette période de six ans, il fit trente-cinq fois la double traversée de l'Angleterre aux États-Unis, *et vice versa*; quinze jours lui suffisaient, en moyenne, pour franchir l'Océan, et même, au mois de mai 1842, il revint de New-York en douze jours et sept heures : c'est le temps que mettent aujourd'hui, dans les conditions normales, les bons steamers naviguant d'un continent à l'autre par la voie la plus directe. Le *Sirius*, qui n'avait pas été construit de manière à pouvoir supporter des traversées aussi longues et aussi laborieuses, fut rendu à son modeste emploi de paquebot entre Cork et Londres. En revanche, plusieurs autres grands steamers furent construits, dans l'espace de quelques années, en Angleterre et en Amérique, d'abord par les marines commerciales des deux pays, puis par les gouvernements eux-mêmes, pour la marine militaire.

La France, il nous est pénible de le dire, est restée sous ce rapport longtemps en arrière des deux autres grands peuples navigateurs. Nos armateurs, surtout, se sont montrés jusqu'ici d'une parcimonie ou d'une timidité singulière. Au moment où nous écrivons, la compagnie des Messageries Impériales possède seule un certain nombre de bateaux à vapeur de fortes dimensions, et ces bateaux ne desservent que les lignes de la Méditerranée. L'établissement d'un grand service de paquebots transatlantiques, depuis longtemps à l'état de projet, a été plusieurs fois ajourné. Enfin une loi a été proposée et votée dernièrement, et tout fait espérer qu'elle recevra prochainement son exécution.

Quelle que soit la compagnie concessionnaire, nul doute qu'elle ne remplisse loyalement et largement les obligations qui lui seront imposées par son traité avec l'État, et qui, grâce à une forte subvention, ne lui seront, du reste, nullement onéreuses.

Nous aurons donc enfin, nous aussi, une flotte pacifique pouvant rivaliser avec celles de nos émules de l'ancien et du nouveau monde. Mais n'est-il pas étrange qu'un résultat si désirable ait tant tardé à se produire dans un pays qui, comme le nôtre, possède, avec de si abondantes ressources matérielles, une phalange nombreuse de spéculateurs intelligents et d'ingénieurs habiles ! Hâtons-nous d'ajouter que, dans notre marine militaire, les choses se sont passées tout autrement, et que jamais nos forces navales n'ont présenté un ensemble aussi imposant, aussi propre à inspirer aux autres peuples le respect et l'admiration. Notre flotte compte aujourd'hui plusieurs corvettes, frégates et vaisseaux de ligne munis de machines, dont la force, pour ces derniers, s'élève jusqu'à 900 et 950 chevaux. L'usage de la vapeur tend de plus en plus à se généraliser dans la marine militaire, ainsi que dans la marine commerciale des grands États; et ce fait important est la conséquence d'une découverte, ou, pour mieux dire, d'une innovation du plus haut intérêt, dont il nous reste à entretenir nos lecteurs. Nous voulons parler de la substitution de l'*hélice* aux roues, comme appareil propulseur des pyroscaphes. C'est à l'histoire de cet appareil, à sa description, à son mode d'emploi, à l'exposé des vicissitudes et des modifications successives qu'il a subies, que nous consacrons le chapitre suivant.

CHAPITRE V

Marche ordinaire des inventions humaines. — Moyens de propulsion employés à bord des bateaux à vapeur. — Le système palmipède. — Les roues à aubes. — Leurs avantages et leurs inconvénients. — L'hélice. — Charles Dallery, inventeur de cet appareil. — Sa vie, ses travaux, ses malheurs. — Valeur réelle de son invention.

Les premiers essais de l'homme, en fait d'inventions industrielles et mécaniques, aussi bien qu'en fait de créations artistiques, furent presque toujours des imitations plus ou moins exactes des objets que lui présente la nature.

Lorsque l'esthétique commença de présider aux conceptions architecturales, et qu'aux constructions informes et massives des peuples barbares succédèrent des édifices où l'élégance des formes et la richesse des ornements vinrent s'ajouter à la grandeur et à la solidité, ce furent les troncs des arbres, puis leur feuillage, puis des animaux même, que les artistes cherchèrent à reproduire en façonnant avec leur ciseau la pierre, le marbre ou le bois. De là les colonnes, les chapiteaux, les volutes, les sphinx, les cariatides, etc. Les oiseaux aquatiques, qui repoussent l'eau à l'aide de leurs pieds palmés, et présentent leurs ailes à demi déployées à l'impulsion du vent, et les poissons, dont la forme est si éminemment propre à la natation, et dont la queue triangulaire sert si bien à les diriger à leur gré dans l'élément liquide, furent évidemment les modèles des pirogues indiennes aussi bien que des esquifs tyriens. C'est dans l'imitation du vol des oiseaux que consistèrent invariablement, pendant plusieurs siècles, les tentatives aéronautiques qui précédèrent la belle découverte des frères Montgolfier, et cette découverte elle-même fut inspirée aux deux savants industriels d'Annonay par la vue des nuages flottant dans les régions supérieures de l'atmosphère.

Que l'observation attentive et l'imitation aussi exacte que possible des œuvres du Créateur aient été, dans l'origine, un enseignement fécond et une heureuse initiative, cela est incontestable ; mais on ne saurait soutenir que là doivent uniquement se borner nos efforts. L'expérience et le plus simple raisonnement s'accordent à prouver qu'un champ infiniment plus vaste est ouvert à l'activité de notre esprit ; que nos arts fussent demeurés dans l'enfance, et que nous languirions encore dans une situation voisine de l'état sauvage, si nos devanciers des siècles antérieurs avaient cru devoir restreindre leur ambition dans de si étroites limites.

Il ne faut pas l'oublier, le monde physique obéit à des règles immuables dont l'ensemble constitue l'ordre harmonique de l'univers. Les êtres qui peuplent le monde, minéraux, végétaux, animaux, soumis exclusivement à ces lois, ont été formés de manière à remplir certaines fonctions, à accomplir certains actes, toujours et invariablement les mêmes, en vertu de forces, d'instincts et de besoins également invariables, à l'empire desquels ils ne sauraient un seul moment se soustraire. Mais si l'homme, en tant qu'être matériel, est soumis aux mêmes lois qui régissent le reste de la nature, comme créature intelligente, libre, possédant une âme douée de facultés dont il jouit seul ici-bas, il obéit à des lois spéciales, au nombre desquelles se trouve la perfectibilité, renfermée sans doute dans des barrières infranchissables, mais qu'il convient néanmoins de qualifier d'indéfinie, parce que ces bornes, fixées par les décrets éternels de la Providence, sont placées en dehors de notre perception, et que nul ne saurait les assigner.

« L'homme, a-t-on dit, est le *collaborateur de Dieu*. » Cette parole, bien qu'entachée d'orgueil et d'hyperbole, ne laisse pas d'exprimer avec une certaine vérité le rôle de notre espèce, et la part de création à laquelle l'a conviée l'Auteur de toutes choses. En effet, nous ne saurions *créer*, dans l'acception rigoureuse du mot, la moindre parcelle de matière; nous ne pouvons non plus changer en quoi que ce soit les lois de la nature; mais nous apprenons chaque jour à en utiliser les effets, à répéter à notre gré, par des moyens artificiels, les phénomènes qui en résultent, à gouverner, en un mot, à notre profit, les animaux, les plantes et les éléments, avec le secours de ces lois mêmes dont nous empruntons la puissance.

Or cette puissance serait nulle entre nos mains, et le long apprentissage qui nous en a livré le secret; les travaux, les souffrances, les dangers auxquels se sont volontairement condamnés les courageux pionniers de la science et de la civilisation, seraient, au point de vue pratique du moins, et purement humain (le seul que nous nous permettions d'envisager ici), des peines stériles, sans compensation et sans salaire, si, pour toute application de tant de connaissances laborieusement acquises, il fallait nous borner à copier servilement dans nos œuvres et dans nos créations la forme ou la couleur de quelques minéraux et de quelques plantes, et les actes automatiques de certains animaux.

C'est pourquoi le marquis de Jouffroy, et ceux qui, avant ou après lui, ont voulu adapter à des pyroscaphes le système appelé *palmipède*, nous semblent être tombés dans une singulière aberration, dans une inconséquence presque puérile. Sans doute, le but qu'on se proposait en armant les navires de machines à vapeur, c'était de leur donner une vitesse plus grande que celle qu'on pouvait obtenir avec les voiles ou les rames; en ce cas, que pouvait-on attendre de deux misérables nageoires se mouvant avec lenteur et difficulté de chaque côté de la carène? C'était faire peu de cas des bateaux à vapeur, les déshonorer, pour ainsi dire, et donner une pauvre idée de leur utilité réelle, que d'y vouloir appliquer un moyen de propulsion dès longtemps dédaigné dans la navigation ordinaire, sous le prétexte que ce moyen réussit aux cygnes, aux oies et aux canards !

Robert Fulton, avec cet esprit éminemment pratique qui guide les Anglais et les Américains dans leurs conceptions scientifiques et industrielles, eut bientôt fait son choix parmi les divers moyens de propulsion qui se présentaient à lui. Il s'arrêta, comme nous l'avons vu, aux roues à aubes, qui avaient sur tous les autres systèmes les avantages suivants : 1° de s'adapter facilement à la machine, sans exiger aucune complication dans le mécanisme accessoire ; 2° de produire, par leur rotation, un mouvement continu et sans aucune intermittence ; 3° de produire, avec leurs larges palettes, une action d'autant plus puissante, que les coups de ces palettes sur la surface du liquide se succèdent avec une extrême rapidité ; 4° enfin, avec ce genre de propulseur, une grande partie de la force engendrée par le moteur est employée utilement. Au contraire, avec le système palmipède, par exemple, une grande partie de cette force est dépensée à ramener les nageoires à leur position première, et, pendant ce temps, non-seulement elles ne font point avancer le bateau, mais encore elles offrent à l'eau une résistance proportionnelle à leur surface. Cette résistance est faible, il est vrai, puisque les nageoires se replient sur elles-mêmes ; mais enfin elle est très-sensible, tandis qu'elle est presque nulle avec les roues, dont les aubes sortent de l'eau aussitôt après avoir donné leur coup d'avant en arrière, et ne s'y replongent que pour en donner un nouveau. Le nombre des roues, leur position, leur diamètre, leur largeur et celle de leurs aubes, leur immersion plus ou moins profonde, etc., sont autant d'éléments qu'on doit calculer et combiner exactement, d'après les lois de la physique, de la statique et de la mécanique, pour obtenir le maximum d'effet utile ; ainsi, en thèse générale, la meilleure application de ce système consiste à munir le bateau de deux roues, placées de chaque côté et vers le milieu de la carène, mais un peu plus près de l'avant que de l'arrière, ou, pour mieux dire, en avant du centre de gravité. On a essayé, mais sans succès, d'une seule roue placée au milieu du bâtiment ; ce mode d'installation complique le mécanisme et fournit moins de force ; il occupe d'ailleurs une place qu'il faut nécessairement prendre dans la capacité du bateau, et qui est autant de perdu pour les marchandises ou les voyageurs. On a construit, pour naviguer sur les cours d'eau de peu de largeur, des bateaux portant une ou deux roues tout à fait à l'arrière ; cette disposition a été reconnue assez favorable pour les cas particuliers en vue desquels on l'a imaginée ; mais elle n'a pas paru assez avantageuse pour qu'on l'adoptât d'une manière générale, et l'on s'en tient, pour les circonstances les plus ordinaires de la navigation fluviale et même maritime, au système de deux roues latérales. Sur les canaux, les bateaux à vapeur ne peuvent guère être employés, l'agitation violente qu'ils soulèvent dans la masse liquide détériorant promptement les talus qui forment le lit de ces cours d'eau artificiels.

Le nombre des *aubes*, *pales* ou *palettes* qui garnissent la circonférence des roues, doit être tel qu'il y en ait toujours trois d'immergées, parce qu'alors il y en a toujours une qui agit dans le sens le plus favorable à la propulsion du navire, c'est-à-dire perpendiculairement à la surface de l'eau. Le diamètre des roues est proportionné aux dimensions du bâtiment ; leur position est calculée de telle sorte que l'aube verticale ne plonge pas à plus de 8 ou 10 centimètres au plus au-dessous du niveau de l'eau. Leur vitesse doit toujours être plus grande que celle du bateau qu'elles font mouvoir, puisque, se mouvant avec lui, elles n'agissent qu'avec une force égale à la différence des deux vitesses. Cette différence est ordinairement représentée par 1/4 ; en d'autres termes, la vitesse du bateau étant représentée par 3, celle des roues est représentée par 4. C'est du moins la vitesse qui correspond à la moindre perte de force ; mais on ne laisse pas de l'augmenter de beaucoup dans les grands pyroscaphes auxquels on veut donner une marche rapide, l'économie de force motrice étant alors une considération secondaire relativement à l'économie de temps.

En faisant ressortir les avantages que possèdent les roues à aubes, comparées aux autres moyens de propulsion qu'on pouvait leur opposer à l'origine de la navigation par la vapeur, nous n'avons point prétendu dire qu'à leurs qualités ne fussent pas joints de grands défauts, ni qu'elles réalisassent le maximum de perfection possible en ce genre. On put toutefois s'en flatter, tant que la vapeur ne fut appliquée qu'à la navigation fluviale. Ici, en effet, les roues constituent, cela est hors de doute, un moyen de propulsion à peu près irréprochable. Tout alla bien encore, lorsque les pyroscaphes se bornèrent à longer les côtes ou à traverser des détroits, tels que le canal de Saint-Georges ou la Manche ; mais les choses changèrent sensiblement d'aspect, lorsqu'on voulut s'en servir pour effectuer de longs voyages, et bien plus encore lorsqu'on les eut armés de canons, et que de la marine marchande ils passèrent dans la marine militaire.

Ces applications nouvelles de la navigation à vapeur firent promptement ressortir les inconvénients attachés à l'emploi des roues à aubes.

Et d'abord, on sait que le mouvement oscillatoire que les lames impriment aux vaisseaux, a souvent pour effet de les faire incliner de côté, au point de les coucher, pour ainsi dire, alternativement sur chaque flanc. Ce balancement est connu sous le nom de *roulis*. Or on voit tout de suite le grave préjudice qui doit en résulter pour la marche du navire et pour la conservation de la machine. En effet, pour peu que le roulis soit fort, une des roues est immergée outre mesure, tandis que l'autre, complétement hors de l'eau, *tourne à vide*, et ne frappe que l'air de ses palettes. De là une grande perturbation dans la manœuvre, le pilote étant obligé de neutraliser par son gouvernail l'impulsion oblique que donne au bâtiment l'action d'une seule roue ;

de là aussi de fâcheuses variations dans le jeu de la machine, et enfin un ralentissement sensible dans la marche du navire.

En second lieu, les roues et les tambours qui les recouvrent augmentent de beaucoup la largeur du bateau, ce qui, dans les passes étroites, est souvent fort incommode. D'ailleurs, si la surface que ces appareils présentent à l'action des vents, peut parfois, exceptionnellement, aider à la marche du navire, elle l'entrave, au contraire, le plus souvent, ou compromet sa stabilité; elle rend, sinon impossible, au moins difficile l'usage des voiles, auxquelles les steamers de mer sont souvent obligés d'avoir recours, et dont ils ne peuvent jamais être entièrement dépourvus, comme le sont ceux qui naviguent sur les rivières.

Troisièmement enfin, un navire de guerre à vapeur ne peut être mû par des roues qu'à la condition de ne jamais prendre part à aucun engagement, et à n'avoir des sabords et des canons que pour la parade. Ses roues sont, en effet, les premières exposées aux boulets de l'ennemi, et la moindre chaloupe, avec une bordée bien dirigée de trois ou quatre coups de canon, peut, en lui cassant une *jambe*, le mettre hors d'état de manœuvrer et de se mouvoir.

Ces inconvénients ne sont pas de ceux qu'on corrige en modifiant la forme ou la disposition des appareils : ils sont inhérents à la nature même de ces appareils, et, pour les faire disparaître, il n'était qu'un seul moyen : c'était de supprimer les roues. Mais par quel autre organe les remplacerait-on? Cette question une fois posée, les solutions, comme il arrive toujours en pareil cas, surgirent de tous côtés, plus étranges et plus impraticables les unes que les autres. La plupart de celles qui se produisirent avaient déjà été jugées et condamnées par la théorie et par l'expérience. De ce nombre étaient le système de Bernouilli, qui consistait à faire avancer le bateau en refoulant à l'arrière une masse d'eau puisée à l'avant; — celui de Desblancs, essayé aussi jadis par Fulton, et qui consistait à mettre en mouvement, à l'aide de la machine, une chaîne sans fin, analogue à celle des dragues, mais portant, au lieu d'un chapelet de seaux, un chapelet de pales faisant le même office que celles des roues; — enfin les *palmipèdes* du marquis de Jouffroy, remises au jour par M. Achille de Jouffroy, son fils. Pour la navigation maritime, et particulièrement pour les vaisseaux de guerre, ces nageoires offraient un avantage incontestable sur les roues : c'est qu'elles étaient tout à fait immergées, et partant à l'abri des boulets ainsi que du vent; mais leur extrême infériorité sous le rapport de l'énergie et de la rapidité du mouvement était, de nos jours plus encore qu'à la fin du siècle dernier, un vice rédhibitoire que rien ne pouvait compenser. Il fallut chercher autre chose; en cherchant bien on trouva enfin, ou plutôt on retrouva un appareil propulseur qui n'avait pas plus que les précédents le mérite de la nouveauté, mais qui, convenablement appliqué, parut, cette fois, remplir admirablement toutes les conditions voulues. Cet appareil n'était autre que l'*hélice*.

Lorsqu'en 1803 Fulton exécuta sur la Seine, en présence d'une population étonnée, l'expérience célèbre dont nous avons rendu compte plus haut, et qui fut la véritable inauguration de la navigation par la vapeur, les roues de son *steam-boat* éclaboussèrent en passant un autre bateau qui était alors amarré contre la berge de la Seine, entre Bercy et Charenton. Ce bateau, qui ne fut jamais achevé, était une œuvre, disons mieux une tentative rivale de celle de Fulton, qu'elle eût peut-être éclipsée et vaincue, si sa réalisation eût pu s'accomplir jusqu'au bout. C'était, ou plutôt ce devait être aussi un bateau à vapeur, mais un bateau à hélice; et l'homme qui en avait conçu le projet et commencé l'exécution était un Français, dont le nom n'a été arraché à l'oubli que depuis quelques années.

Il se nommait Thomas-Charles-Auguste Dallery, né à Amiens, le 4 septembre 1754. Son père, facteur d'orgues dans cette ville, l'initia dès l'enfance aux principes et à la pratique de son art, pour lequel le jeune Charles manifesta tout d'abord une aptitude merveilleuse, en même temps qu'un goût passionné. A l'âge de douze ans, l'apprenti connaissait aussi bien que son maître la structure de l'orgue le plus compliqué, et fabriquait seul des horloges en bois d'une précision irréprochable. Un peu plus tard, en adaptant à la harpe ancienne un mécanisme de son invention, il ajoutait les demi-tons à la gamme, jusqu'alors incomplète, de cet harmonieux instrument.

Il se rendit à Paris, et fit connaître ce perfectionnement à un des facteurs les plus célèbres et les plus habiles de la capitale. Celui-ci, émerveillé, ne voulut plus se séparer du jeune inventeur, mit ses ouvriers et ses ateliers à sa disposition, et fit fabriquer, d'après son système, un grand nombre de harpes. Il s'opéra alors une sorte de révolution dans l'art de l'exécution musicale; la guitare fut abandonnée aux chanteurs des rues ; le clavecin, qui attendait son Prométhée, et n'avait pas encore été transformé en piano, fut négligé par les dames, et demeura couvert de sa housse de serge verte comme d'un linceul; la harpe, la harpe nouvelle avait tout détrôné. C'est de cette époque que datent la vogue et la popularité de cette lyre moderne, qu'ont illustrée Théodore Labarre et Félix Godefroy, vogue et popularité dont la chute ne doit être attribuée qu'à une seule cause : c'est que pour tirer de la harpe l'harmonie, la mélodie et l'expression qu'elle peut rendre, il faut les doigts inspirés d'un grand artiste, et que cet instrument n'est pas, comme on l'avait cru d'abord, à la portée des médiocrités. Qui se doute aujourd'hui que Charles Dallery fut le second créateur, le régénérateur de la harpe? Personne. Un brevet fut pris, mais au nom du fabricant, qui, non content d'ôter à l'inventeur les bénéfices matériels de son œuvre, voulut aussi lui en ravir la gloire, et l'éconduisit sans cérémonie, dès que ses services lui furent devenus inutiles.

Dallery revint dans sa ville natale, en proie à un décòuragement qui toutefois ne prévalut pas longtemps contre son amour du travail et contre son ardente activité. Appliquant d'abord à son métier les facultés créatrices de son génie fécond, il perfectionna les orgues, et y introduisit le système de soufflerie qui, de nos jours encore, est généralement en usage. Il perfectionna aussi le clavecin. Mais cette sphère lui parut bientôt trop étroite ; on était alors à cette époque mémorable où surgirent coup sur coup tant de découvertes et d'inventions glorieuses, et où la fièvre des recherches et des expériences scientifiques et industrielles s'était emparée de tous les esprits éclairés. En 1780, Dallery construisit, sans autres lumières que celles qu'il avait acquises par lui-même, une machine à vapeur à haute pression. Il voulait d'abord l'employer à traîner des voitures sur les routes ; mais, réfléchissant ensuite aux obstacles que rencontrerait cette audacieuse application de la vapeur, il revint à des idées plus modestes, et installa simplement sa machine dans ses ateliers, où elle servit à mettre en jeu des scies, des couteaux, des tours, etc.

Quand les frères Montgolfier, le physicien Charles, Pilastre du Rozier et le marquis d'Arlandes eurent donné l'exemple des ascensions aérostatiques, Dallery fut un des premiers à les suivre dans cette périlleuse carrière, et ce fut lui qui donna le premier aux Amiennois le spectacle d'un homme voguant sur *les ailes du vent*, dans une nacelle suspendue aux flancs d'un ballon.

Mais ces expériences ne lui faisaient nullement négliger ses travaux, et il venait de recevoir du chapitre de la cathédrale d'Amiens la commande d'un orgue estimé, d'après les devis, au prix de 400,000 livres, lorsque les premiers éclats de la révolution, les décrets qui anéantissaient l'ancienne constitution du clergé et mettaient en question l'exercice même du culte catholique, obligèrent Dallery à renoncer à la profession qu'il avait exercée avec tant de distinction pendant plus de vingt années.

Il essaya, aux environs d'Amiens, l'établissement de moulins à vent dont les ailes tournaient horizontalement sur un axe vertical; mais, loin que personne voulût s'associer à lui dans cette entreprise, on ne chercha qu'à la tourner en ridicule, et l'on donna au moulin modèle, qu'il avait fait construire non loin des portes de la ville, le nom de *Moulin de la folie*.

Indigné de ces outrageantes injustices, et plus encore de l'ignorance de ses concitoyens, Dallery quitta pour jamais sa ville natale, emportant avec lui sa machine à vapeur, qu'il alla installer dans les ateliers d'un maître de forges du Nivernais.

La France était alors en guerre avec l'Europe; tout homme jeune et valide était mis en réquisition pour le service militaire, et les bras manquaient à l'industrie; les machines à vapeur eussent donc pu rendre à cette époque, dans notre pays, d'immenses services. Frappé de cette idée, Charles Dallery et le maître de forges songèrent à appliquer d'abord ces machines à celle de toutes les industries qui peut être considérée comme la plus utile après l'agriculture, dont elle est le complément : nous voulons parler de celle qui a pour objet la conversion des grains en farines. Ne doutant pas que le gouvernement ne s'empressât de donner son concours à l'exécution d'un semblable projet, ils se rendirent ensemble à Paris, et soumirent leurs plans au Comité des subsistances, qui les adopta d'emblée, mit à leur disposition les bâtiments de l'octroi de Bercy, et leur promit une subvention de 30,000 livres.

Mais l'argent était peu abondant dans les caisses de l'État; la disette se déclara; puis surgirent les complications de la guerre extérieure et de la guerre civile, les luttes sanglantes des partis. Bref, le moulin à vapeur de Dallery et de son associé fut oublié; la subvention ne vint pas, et le maître de forges dut retourner à ses ateliers, tandis que Dallery restait à Paris pour s'y créer, s'il était possible, de nouveaux moyens d'existence. Il se fit successivement horloger, et apprêteur d'or pour la bijouterie. Cette dernière industrie, dans laquelle il déploya les ressources de son esprit inventif et une adresse manuelle peu commune, lui réussit à souhait. Les circonstances, d'ailleurs, étaient redevenues plus favorables. Le régime de la Terreur avait fait place à un gouvernement à peu près régulier : l'ordre et le calme s'étaient généralement rétablis ; l'argent était redevenu moins rare, et les arts de luxe trouvaient, pour leurs produits, des débouchés qui allaient chaque jour s'élargissant. En quelques années d'un travail paisible et persévérant, Dallery avait reconquis une honnête aisance, et l'avenir semblait lui sourire, lorsque, pour son malheur, la fièvre des inventions et des grandes entreprises s'empara de nouveau de lui. Il avait eu connaissance des essais tentés en Amérique et en Angleterre pour appliquer les machines à vapeur à la navigation, et il se mit à méditer, lui aussi, sur cet important objet. On était au commencement du XIX° siècle. Fulton et Livingston étaient à Paris, et poursuivaient de leur côté, par les moyens que nous savons, la réalisation de ce rêve gigantesque.

Après avoir mûri son projet en silence et en avoir combiné avec soin tous les éléments, Dallery n'hésita pas à en entreprendre la réalisation, et à dépenser, pour la construction d'un bateau à vapeur, le modeste pécule d'une trentaine de mille francs qu'il avait amassé dans son industrie d'apprêteur d'or. En même temps, il prit un brevet, en date du 29 mars 1803, pour un bateau à vapeur destiné à naviguer sur la mer. « Aux approches de la mer, était-il dit dans ce brevet, l'aviron est remplacé par un arbre tournant, posé dans la cale du vaisseau, à trois pieds au-dessous du niveau de l'eau. Cet arbre est mû par l'effet de deux crochets posés sur lui-même, qui reçoivent leur force des pistons, et de cet effet résulte un mouvement continu de rotation. L'arbre tournant est de fer, à pivot, sur deux coussinets ; il fait sur l'arrière du vaisseau une saillie de deux pieds. A cet arbre en est adapté un autre de bois, de six pieds de long. Ce dernier est garni *de feuilles de cuivre un peu bombées, qui forment l'*ESCARGOT. Leur diamètre est de six pieds, et leur plan incliné, de trois pieds de pourtour (le pas de vis). »

Voilà donc l'hélice — car l'*escargot* (en grec ἕλιξ) n'est autre que l'*hélice*, ou vis d'Archimède, qu'on connaissait depuis des siècles et qu'on avait employée, dès la plus haute antiquité, à l'épuisement des eaux souterraines, — voilà donc, disons-nous, l'hélice proposée explicitement comme organe de propulsion d'un navire à vapeur. Ce n'était pas, il est vrai, la première fois qu'on essayait d'appliquer cet appareil à la navigation; mais jusqu'alors on n'avait eu d'autre idée que de le faire mouvoir par les bras de l'homme ou par des mécanismes dont la puissance, la vitesse et la régularité n'étaient point comparables à celles de la machine à vapeur. C'est ainsi qu'en 1768, un ingénieur français nommé Paucton, dans un ouvrage sur la théorie et les effets de la vis d'Archimède, avait proposé de remplacer les rames par des *ptérophores* placés par couples à l'arrière et de chaque côté du bateau, horizontalement et dans le sens de sa longueur.

En 1777, un Américain, nommé David Bushnell, avait inventé un bateau plongeur, qu'il dirigeait sous l'eau à l'aide de deux avirons, en forme de tire-bouchons, dont l'un était placé horizontalement sous la quille, et l'autre, verticalement à la partie supérieure du bateau. Enfin Fulton lui-même avait armé son *torpedo* d'appareils analogues. Tout cela n'avait aucun rapport avec la navigation par la vapeur, et c'est un honneur incontestablement reconnu à Charles Dallery, que celui d'avoir le premier associé dans la théorie et tenté de réunir dans la pratique ces deux éléments essentiels de la navigation future : la machine à vapeur et l'hélice.

Ne doutant point que son invention ne fût de nature à produire immédiatement les plus heureux résultats, et que ces résultats ne le dédommageassent, et au delà, des dépenses d'une première mise en œuvre, Dallery fit commencer, à ses frais, la construction du bateau, de la machine et des appareils qu'il destinait à ses expériences. Le bateau fut entièrement terminé; il fut lancé sur la Seine, et une grande partie de la machine y fut installée. Mais les travaux en étaient à ce point, lorsque les 30,000 francs, fruit des économies du laborieux ingénieur, se trouvèrent dépensés jusqu'à la dernière obole. Les constructeurs, qui ne partageaient pas entièrement sa confiance dans le succès, refusèrent obstinément de lui faire crédit sur ses espérances, et déclarèrent qu'ils ne donneraient pas un seul coup de marteau et qu'ils ne fourniraient pas une cheville de plus, sans que le prix leur en fût payé comptant. Dans cette extrémité, Dallery crut pouvoir s'adresser au gouvernement; il ne s'agissait que d'une somme insignifiante — quelques milliers de francs — pour mener à bonne fin une entreprise dont les bienfaits seraient immenses, qui procurerait à la France des avantages et une gloire dont l'univers serait jaloux. Il ne présentait pas, comme tant d'autres, un projet vague, ni même un plan tracé sur le papier : son œuvre était là, presque terminée; on pouvait la juger : il demandait seulement qu'on voulût bien l'examiner avec attention et impartialité; après quoi on ne lui refuserait certainement pas le faible secours dont il avait besoin pour l'achever... Telles furent les considérations que Dallery fit valoir; mais nous savons, par l'exemple de Fulton, que le gouvernement consulaire était fort peu disposé à écouter les inventeurs, encore moins à leur accorder aucun subside. Toutes les sollicitations de Dallery furent vaines, et un jour, ayant vu s'éteindre la dernière lueur d'espoir, il se rendit à Bercy, conduisit ses ouvriers au petit navire qui flottait près du quai, et, s'armant lui-même d'un marteau, il donna à la fois l'ordre et l'exemple de la destruction. En quelques heures, il ne resta plus de ce bateau que des planches éparses et des matériaux qui furent vendus à vil prix.

Après avoir accompli cet acte de sombre courage et dit pour

jamais adieu à ses rêves de fortune et de gloire, Dallery rentra dans son humble atelier, et reprit son métier d'apprêteur d'or, sans autre préoccupation que de s'assurer de nouveau, à force de travail et d'économie, du pain pour sa vieillesse. Il vécut ainsi pendant trente-deux années encore; son brevet expira au ministère de la marine sans qu'il s'en inquiétât le moins du monde ; il demeura également étranger aux succès de Fulton en Amérique, aux progrès de la navigation par la vapeur chez tous les peuples civilisés, et même aux nombreux projets qui parurent au jour de son vivant, et dont la plupart n'étaient que la reproduction plus ou moins modifiée de son propre bateau à hélice.

Sur la fin de ses jours, il se retira à Jouy, près de Versailles, où il mourut en 1835, à l'âge de quatre-vingt-un ans. « C'était, dit M. Figuier, un beau vieillard aux grandes manières. Majestueux dans sa tenue, toujours poudré à blanc et en cravate blanche, il parlait peu, ne riait jamais, et était d'une dignité royale. »

Les travaux et le nom même de Charles Dallery étaient demeurés, de son vivant et jusqu'en 1844, dans une profonde obscurité, lorsque son gendre, M. Chopin-Dallery, fit paraître un travail ayant pour titre : *L'hélice appliquée aux bateaux et aux voitures à vapeur; mémoire explicatif sur le brevet d'invention Dallery; obtenu le 29 mars* 1803. Ce mémoire fut adressé par M. Chopin à l'Académie des Sciences, qui nomma, pour l'examiner, une commission composée de MM. F. Arago, Ch. Dupin, Pouillet et Morin. Cette commission, conformément aux conclusions de l'auteur, reconnut les droits de priorité de Dallery comme inventeur de l'hélice, en tant qu'organe appliqué à la locomotion par les machines à vapeur. Un jugement formel fut rendu dans ce sens par l'Académie, le 17 mars 1845. « Mais, observe M. L. Figuier, combien n'y a-t-il pas, autour de nous, de ces Dallerys ignorés, et qui le seront à jamais, faute d'un gendre ! »

Le nombre est grand, en effet, des génies méconnus, pour lesquels on pourrait revendiquer une part de nos hommages et de notre reconnaissance, si l'on voulait s'imposer le pénible et stérile travail de compulser, de fouiller et d'analyser les vieux ouvrages imprimés ou manuscrits, que personne n'a lus ni ne lira jamais, les mémoires aux académies, les suppliques aux rois et aux ministres, et surtout les monceaux de brevets d'invention qui s'entassent chaque jour dans les cartons des ministères, et dont la plupart ne constatent que des inventions puériles ou des découvertes imaginaires, et n'ont eu aucune suite parce qu'ils n'en pouvaient point avoir.

Hélas ! il faut bien le dire, ces inventeurs méconnus ressemblent fort aux poëtes incompris, qui ne doivent trop souvent leurs malheurs qu'aux aberrations de leur orgueil. On aurait tort d'exagérer leur mérite, et de prendre trop au sérieux les déclamations qui se débitent à leur sujet, contre l'injustice des hommes, le mauvais vouloir des gouvernements, et l'aveuglement des sociétés savantes.

En ce qui concerne Charles Dallery particulièrement, nous croyons qu'on ne s'est pas assez tenu en garde contre cette disposition, excusable sans doute, des cœurs généreux et des esprits superficiels, à environner d'une auréole de gloire les morts dont le nom apparaît inopinément, uni au souvenir de quelque œuvre sortant de la ligne vulgaire, et qu'on a attribué à son idée d'appliquer l'hélice à la locomotion une portée qu'elle n'avait pas, et ne pouvait pas avoir, à l'époque où il la conçut.

La vérité est que son projet n'était rien moins que complet, et qu'il eût rencontré dans l'application des difficultés qui l'eussent certainement fait abandonner par son auteur, celui-ci n'ayant pas le génie nécessaire pour les résoudre. Le mécanisme par lequel il comptait mettre ses hélices en rapport avec la machine était grossier, défectueux, et accusait chez l'inventeur une connaissance très-imparfaite de la mécanique pratique. Nous invoquerons ici encore l'autorité de M. L. Figuier, un des écrivains qui ont le mieux approfondi et le plus clairement développé l'histoire des sciences considérées dans leurs applications à l'industrie.

« Il est difficile aujourd'hui, dit-il (1), de connaître exactement les détails du plan de Dallery. Le brevet d'invention qui lui fut accordé le 29 mars 1803 se trouve mentionné dans le deuxième volume, page 206, numéro 138 de la *Collection des Brevets d'invention* publiée en 1818 par ordre du ministre de l'intérieur; mais on se borne à rapporter le titre du brevet. Ce titre est le suivant :

« *Mobile perfectionné, appliqué aux voies de transport par terre et par mer.*

« Si l'on cherche l'explication de ce laconisme dans la citation du recueil officiel, on la trouve dans une note placée en tête de l'ouvrage. Voici cette note :

« Nous n'avons fait qu'indiquer, dans ce recueil, les titres des
« brevets dont l'objet est une conception chimérique que l'expé-
« rience a jugée, ou une chose que tout le monde connaît, ou
« que personne n'a envie de connaître. »

« Le projet de Dallery, ajoute M. Figuier, a donc été jugé avec défaveur à l'époque où il s'est produit. On ne peut s'empêcher de reconnaître que cette défaveur était justifiée sur plus d'un point. Mais il ne faut pas oublier, d'un autre côté, que ce projet a été conçu en 1803, à une époque où la navigation par la vapeur en était à peine à ses débuts, et que la pratique aurait sans doute amené l'auteur à faire disparaître les défectuosités de son système. »

Nous ne partageons pas, sur ce dernier point, l'opinion de M. Figuier. C'est précisément parce que la navigation par la vapeur était encore à créer; parce que la construction et l'emploi

---

(1) Note de la page 274 du tome Ier des *Principales découvertes modernes*.

des machines à vapeur elles-mêmes étaient chez nous dans l'enfance, que le projet de Dallery était intempestif, prématuré, condamné d'avance à ne point vivre. Pour qu'il en fût autrement, il eût fallu créer de toutes pièces, en quelques mois, les merveilles que nous sommes étonnés d'avoir vu s'accomplir en cinquante années, par le concours et les efforts soutenus d'une foule d'esprits éminents. Or il se rencontre une fois, dans l'espace de plusieurs siècles, un génie assez vaste et assez puissant pour donner au monde le spectacle d'une œuvre aussi gigantesque, et le seul exemple que nous en trouvions dans l'ère moderne est celui de James Watt. Charles Dallery n'était point de cette taille : on peut le dire sans faire tort à sa mémoire, et sans rien ôter au juste tribut d'hommages que nous lui devons, comme à tout homme laborieux, intelligent et utile, et comme au premier promoteur d'une des plus belles inventions dont notre siècle ait à se glorifier.

CHAPITRE VI

Recherches des ingénieurs contemporains sur le propulseur-hélice. — MM. Delisle, Sauvage, Ericsson, Smith. — Expériences de M. Chappell, relatives à l'hélice de M. Smith. — Adoption de cet appareil en Angleterre, puis en France. — Perfectionnements et modifications dont il a été l'objet. — Systèmes de M. Hunt, de M. Rennie, de M. Carpenter, de M. Blaxland, de M. Huon. — Hélice à 4, 3 et 2 ailes. — Hélice de M. Mangin. — Avantages de l'hélice. — Adoption générale de ce propulseur pour la navigation maritime. — Supériorité des roues à aubes pour la navigation fluviale.

Dans l'intervalle de trente-deux ans, qui sépare l'époque où Dallery prit son brevet de celle où il mourut, on ne signale pas moins de vingt-cinq projets d'hélice. Nous nous abstenons de nommer les inventeurs ; aucun ne réussit, et cette longue série d'insuccès étant attribuée, non à la mauvaise application du principe, mais au principe lui-même, le système de propulsion par l'hélice était tombé dans un profond discrédit, lorsqu'un capitaine du génie, M. Delisle, reprit d'un point de vue nouveau l'étude du problème, parvint à le résoudre théoriquement d'une manière satisfaisante, établit, par des calculs rigoureux, la supériorité de l'hélice, convenablement disposée dans sa forme, ses dimensions et son installation, sur les roues à aubes, et proposa au gouvernement français de substituer la première aux secondes sur les navires de l'État. Ses offres furent rejetées sans qu'on se fût donné la peine d'examiner son mémoire, tant on était convaincu qu'il ne pouvait reposer que sur des idées fausses et impraticables. M. Delisle était pourtant un ingénieur des plus distingués, et son projet était à peu près identique à celui que, quelques années plus tard, M. Ericsson expérimenta en Angleterre, comme nous le verrons bientôt, avec un succès décisif. Mais déjà M. Delisle avait trouvé en France un continuateur, dont le talent et la persévérance ne devaient pas non plus triompher de l'étrange éloignement qu'éprouvaient, à l'endroit du nouveau propulseur, les directeurs de nos forces navales. Quant à la marine commerciale, peu nombreuse et médiocrement riche en France, elle n'a ni les habitudes ni l'audace qui font exécuter de si grandes choses aux armateurs de la Grande-Bretagne et des États-Unis ; elle n'ose rien entreprendre d'inusité, que l'État n'ait préalablement expérimenté, et ce n'est pas d'elle qu'il faut attendre l'initiative d'un progrès tant soit peu hardi.

M. Sauvage, le continuateur du capitaine Delisle, appartenait pourtant à l'industrie privée. A la vérité, ce n'était pas un armateur, mais simplement un constructeur du Havre. Sa fortune était médiocre : il la dépensa tout entière dans ses expériences, qu'il poursuivit pendant vingt ans sans parvenir à triompher de l'aveuglement général, et cela parce qu'il ne pouvait, avec ses seules ressources, effectuer ses essais sur une assez grande échelle pour les rendre concluants. Pendant ce temps, l'invention élaborée par nos infortunés compatriotes avait passé le détroit ; les Anglais, infiniment plus intelligents que nous lorsqu'il s'agit des intérêts de leur commerce, de leur industrie et de leur puissance maritime, l'avaient accueillie favorablement ; au lieu de rebuter ses promoteurs par une indifférence opiniâtre, ils les avaient encouragés et soutenus ; l'hélice, expérimentée dans de bonnes conditions, leur était apparue sous son véritable jour, et, ses avantages étant une fois reconnus, ils n'avaient pas reculé devant des frais considérables de remaniement pour faire sauter les roues de leurs plus gros steamers, et les remplacer par des hélices. Alors seulement on ouvrit les yeux sur le continent ; on se repentit de n'avoir pas écouté Dallery, Delisle et Sauvage ; on fit amende honorable à la mémoire du premier ; on prodigua les éloges au second ; et le troisième, qui s'était ruiné dans ses essais, obtint du roi Louis-Philippe une pension qui a mis du moins sa vieillesse à l'abri du besoin.

A M. Sauvage revient l'honneur d'avoir démontré que, pour produire son maximum d'effet utile, l'hélice doit être réduite à la longueur d'une seule révolution, et d'avoir indiqué ainsi la dimension et la forme fondamentale de cet organe, forme qu'il a été ensuite facile de modifier de manière à obtenir les dispositions les plus commodes et les plus avantageuses.

Le système de M. Ericsson, qui fut le premier appliqué en Angleterre, n'est que la reproduction à peu près exacte de celui du capitaine Delisle. Il avait reçu de son auteur le nom de propulseur transversal (*transversal propeller.*) C'était une imitation très-bien entendue de la vis hydraulique, réalisant ce qu'on avait cherché si longtemps en vain — un effet analogue à celui des roues — et ne présentant guère d'autre défaut capital que celui de n'être pas encore assez réduite pour répondre aux dernières exigences du problème.

L'appareil de M. Ericsson se composait de deux courts cylindres en fer battu, soutenus par des rayons d'une forme particulière, entièrement submergés et placés à l'arrière du navire, de chaque côté de l'étambot, et tournant dans des directions contraires. Chaque cylindre portait sur sa face extérieure six plans spiraux ayant un centre commun, et pouvant être inclinés suivant un angle quelconque par rapport à l'axe, selon qu'on voulait acquérir plus de vitesse pour la marche, ou plus de puissance pour la remorque. Cet appareil propulseur pouvait être embrayé ou désembrayé instantanément ; la machine aussi était mobile, et l'on avait la faculté de la faire fonctionner sur le pont ou en tout autre lieu du navire.

Le petit navire le *Francis Ogden*, pourvu de ce système, remorqua, contre vent et marée, avec une vitesse de quatre nœuds et demi à l'heure, le bâtiment américain le *Toronto*, de 630 tonneaux et de 4 mètres 27 centimètres de tirant d'eau. Un autre remorqueur, le *Stockton*, également armé des hélices d'Ericsson, marcha plus tard à raison de cinq nœuds à l'heure environ, en traînant après lui quatre barges à charbon. Seul, le même steamer atteignait une vitesse de neuf milles et demi. C'est à peu près celle qu'on obtint ultérieurement avec l'*Archimède*, pourvu de l'hélice de M. Smith.

M. Ericsson avait importé en Angleterre l'invention de M. Delisle. M. Smith en fit autant de celle de M. Sauvage. Ce dernier faisait, depuis quatre ans, sur une échelle minime, les essais de l'hélice simple pour laquelle il avait pris un brevet en 1832, sans que ni l'État ni l'industrie privée lui vinssent en aide, lorsque M. Smith, s'emparant de son idée, la mit en pratique sur le bateau le *Royal-Infant*, du port de six tonneaux et d'une longueur de dix mètres, et réussit tout d'abord à faire fournir à cette chaloupe une course de six à sept milles à l'heure.

Ce succès détermina aussitôt la formation d'une compagnie, dite de *Propulsion par la vapeur*, qui, pour expérimenter en grand l'appareil, fit construire l'*Archimède*, dont le port était de 240 tonneaux, et le tirant d'eau de 2 mètres 84 centimètres, et qui était muni d'une machine de la force de 66 chevaux.

L'amirauté britannique, de son côté, ne voulut pas rester étrangère aux intéressantes expériences qui se préparaient ; elle chargea le capitaine Chappell, de la marine royale, de les diriger en personne, et de lui en rendre compte. Cet officier, pour première épreuve, résolut de faire lutter l'*Archimède* avec le paquebot-poste à vapeur et à roues le *Widgeon*, plus léger de 76 tonneaux, plus fort de 10 chevaux, tirant 63 centimètres de moins, et portant, avec une mâture beaucoup plus basse, un gréement de moitié plus simple. C'était le meilleur marcheur de la station de Douvres.

Après six expériences, dont quatre se firent sur le trajet de Douvres à Calais, M. Chappell reconnut qu'en temps calme et sur une mer unie, avec la vapeur seule, la vitesse de l'*Archimède* était un peu inférieure à celle du *Widgeon*; mais, comme ce dernier entrait en lice avec des moyens bien supérieurs, il n'hésita pas à déclarer que la force propulsive du nouvel appareil était au moins égale à celle de l'ancien. Il est toutefois une circonstance dans laquelle les roues à aubes lui paraissaient préférables : c'est lorsque la marche avait lieu sous vapeur seule et contre le vent, auquel les agrès de l'*Archimède* offraient alors plus de résistance. Mais il faut remarquer que les deux bâtiments étaient, en comparaison l'un de l'autre, dans des conditions qui ne sont pas celles où se trouvent ordinairement les steamers à roues par rapport aux steamers à hélice. Au contraire, une des plus précieuses facultés que ces derniers possèdent, est justement celle de pouvoir être gréés comme des navires à voiles, et déployer, lorsque le vent est favorable, une voilure complète, sans que pour cela leur propulseur sous-marin cesse de fonctionner. Lorsque le vent est mauvais, leur gréement lui oppose, il est vrai, plus de résistance que ne fait celui d'un pyroscaphe à roues ; mais, en revanche, ils ne sont point empêchés par les tambours des roues qui, comme nous l'avons dit, ne laissent pas de donner aussi au vent une prise très-sensible. Au surplus, les partisans de l'hélice n'ont jamais prétendu qu'elle fût en tous points supérieure aux roues ; ils ont affirmé seulement que, la somme des qualités de celle-là étant mise en balance avec celle des avantages de celles-ci, la première l'emporte sur la seconde. Nous établirons plus loin ce parallèle, et l'on verra qu'entre les deux systèmes, la victoire ne pouvait être longtemps douteuse.

Revenons, pour le moment, aux expériences de M. Chappell. Celles dont nous venons de parler avaient eu lieu par un temps toujours calme et sur un faible parcours ; elles ne pouvaient donc servir de base à un jugement définitif ; c'est pourquoi M. Chappell crut devoir les compléter par un voyage où les propriétés respectives de l'un et de l'autre propulseur se manifestassent dans des circonstances plus accidentées.

Il fit, avec l'*Archimède* et le *Widgeon*, le tour de la Grande-Bretagne. Dans ce périple, qui dura sept semaines, il toucha à tous les principaux ports, et recueillit partout les avis des officiers de la marine, des ingénieurs, des directeurs de paquebots, des constructeurs et des propriétaires de navires. La conclusion de cette enquête fut que la vis de M. Smith, en remplissant suffisamment les conditions secondaires d'une bonne navigation, donnait les résultats les plus satisfaisants sur le point essentiel, savoir : l'économie générale de temps, de force, de construction et de combustible.

Cette vis était, en principe, la même que celle de Dallery. Après bien des calculs et des tâtonnements, M. Smith s'était arrêté à l'hélice simple, sans divisions, d'une longueur égale à son diamètre, et faisant avec l'axe un angle de 45 degrés. Il l'installa sur l'*Archimède*, dans le massif de l'arrière, immédiatement en avant du gouvernail et au-dessus de la quille, qui se continuait jusqu'à l'étambot arrière. Elle était en tôle, parce que l'*Archimède* était en bois sans doublage ; mais on reconnaissait que, pour les bâtiments revêtus de cuivre, ainsi que pour ceux qui sont en fer, le métal de cloche, le bronze, le laiton, étaient préférables. Sa vitesse propre était de cent trente-huit tours par minute pour vingt-six coups de piston, et celle du navire sous vapeur seule était de huit nœuds et demi. Elle perdait deux tiers de force, tandis que les roues ne perdent que moitié ; d'où il suit que la vitesse absolue du navire à hélice est inférieure de 1/6 à celle du bâtiment à roues ; mais, comme nous l'avons fait observer déjà, et comme nous le montrerons tout à l'heure, cette question de vitesse absolue, loin d'être la seule ou même la principale, n'est, en définitive, que secondaire, parce que son importance s'amoindrit de beaucoup en présence de l'ensemble des autres conditions à remplir.

A partir de l'année 1839, où l'opinion des hommes compétents se prononça définitivement en faveur du nouveau moyen de propulsion, les projets de modification et de perfectionnement de l'hélice se sont produits en foule. Nous citerons seulement ceux qui ont été jugés dignes d'attention par les hommes spéciaux, et qui ont pu être considérés comme réalisant un progrès réel sur l'appareil primitif.

En 1839, M. Hunt, en Angleterre, obtint une vitesse de dix milles à l'heure (environ dix kilomètres), avec un propulseur hélicoïde à palettes, servant en même temps de gouvernail. Cet appareil à double fin n'eut pourtant qu'un succès éphémère.

Cette même année vit paraître le conoïde de M. Rennie, qui avait eu le premier l'honneur de comprendre l'invention de M. Smith, et de se dévouer à son succès. M. Rennie était le constructeur de l'*Archimède*. Le nom de son appareil en indique à la fois les fonctions, le mode de génération et les principales propriétés. Par sa forme conique, il devait exercer sur l'eau une pression constante, et éviter ainsi, autant que possible, les pertes de force auxquelles donnent lieu les appareils à compartiments. La base du cône, ou, si l'on veut, le plus grand développement de la vis, est du côté de l'arrière, et la pointe est, par conséquent, tournée vers l'avant. Les courbes des lames composant la spirale sont engendrées par un point qui descendrait le long de la surface courbe d'un cône, et suivrait une des lignes génératrices, en même temps que cette ligne accomplirait sa révolution circulaire; ces lames ont, relativement à l'axe du cône, une inclinaison constante.

M. Rennie expérimenta cet appareil sur le grand Surrey-Dock, en concurrence avec l'hélice de Smith et les roues à aubes. En ne tenant pas compte de l'aire du bateau (partie allongée de la surface du maître couple), laquelle augmente nécessairement par le poids des roues, il crut reconnaître que le conoïde surpassait en vitesse tous les autres propulseurs; mais la complication du mécanisme qu'on était obligé d'employer pour obtenir cette vitesse, et la dépense qui en résultait, empêchèrent que ce perfectionnement devînt, comme l'auteur l'avait espéré, d'une bonne application au point de vue industriel.

En 1840, le capitaine Carpenter construisit un propulseur formé de deux trapèzes plats, fixés, par des bras, à l'arbre moteur, et animés d'un mouvement hélicoïde. Cet appareil était double, et fixé à l'arrière de chaque côté de la quille; le système était suspendu de manière à pouvoir être retiré de l'eau à volonté; une très-petite machine suffisait pour le mettre en jeu. Un bateau qui en était armé remorqua, avec une vitesse de sept milles à l'heure, une chaloupe canonnière ayant à bord sa pièce et un armement de cinquante hommes.

Plus récemment, M. Blaxland a proposé un appareil qui consiste en deux palettes, formées chacune de plusieurs plans, et inclinées sur un arbre de révolution de façon à faire entre elles un angle droit ; il le place, comme les autres hélices, à l'arrière du navire, en avant de l'étambot et au-dessous de la ligne de flottaison. Pour la transmission du mouvement, M. Blaxland supprime les engrenages, et les remplace par une courroie sans fin, passant sur un tambour d'un grand diamètre, qui reçoit son mouvement de la machine et le communique de la sorte à une petite poulie fixée sur l'axe du propulseur. La vitesse de celui-ci est en raison de la différence des diamètres des deux roues. M. Blaxland obtient près de neuf milles à l'heure.

Un autre inventeur anglais, M. David Napier, s'inspirant du système de Delisle ou d'Ericsson, se sert de deux roues de même diamètre, placées à l'arrière du bâtiment, et dont l'une est un peu en avant de l'autre. Les axes sont au-dessus de l'eau. Les aubes de l'une des deux roues agissent dans les entre-deux de celles de l'autre. Ce qui rapproche l'appareil de la véritable hélice, c'est que ces aubes sont placées dans des plans obliques par rapport aux axes, et que les roues fonctionnent dans un plan perpendiculaire au plan longitudinal du navire. Ce système est très-voisin de celui qui semble avoir aujourd'hui prévalu définitivement, au moins dans la marine française.

Un de nos compatriotes, M. Huon, a pris une sorte de moyen terme entre l'hélice et le conoïde. Il place à l'arrière et de chaque côté du vaisseau, en avant du gouvernail, un demi-pas de vis à double filet. L'axe de chacune de ces hélices est oblique à l'arbre de couche, en sorte que le mouvement est à la fois relatif et excentrique : complication inutile, et qui n'ajoute rien à la force de propulsion.

Tous les systèmes que nous venons de passer en revue ont été des acheminements au système fondamental qui a généralement prévalu, et qui a pour type l'hélice unique et simple de MM. Sauvage et Smith. Seulement, au lieu d'une révolution de vis continue, on a adopté presque partout une sorte de roue de moulin à trois, quatre ou deux ailes tordues et concaves. Cette hélice est entièrement submergée. Sa place est à l'arrière, immédiatement en avant du gouvernail; son plan de révolution est celui de son diamètre; il est perpendiculaire à l'axe du navire. Ses dimensions dépendent de celles de ce dernier. Le rapport est déterminé par des formules et des règles basées sur le calcul théorique et sur l'expérience. Les premières hélices étaient en fonte de fer. On les fait maintenant en bronze, cet alliage résistant beaucoup mieux à l'action corrosive de l'eau de mer.

Un nouveau perfectionnement a été apporté, il y a peu de temps, à l'hélice ordinaire par un ingénieur de la marine française, M. Amédée Mangin. Nous croyons devoir nous y arrêter, parce qu'il fait disparaître, comme on va le voir, un défaut capital que ce propulseur avait toujours présenté sous toutes ses formes antérieures, et parce qu'il constitue le dernier progrès sanctionné par l'approbation des hommes compétents, et par la direction supérieure des constructions navales.

Dans le double but de soustraire les navires à hélice à l'action retardatrice de leur propulseur sous-marin, lorsqu'ils naviguent à la voile seulement, et de permettre à flot la visite et la réparation de cet organe, un officier de notre marine, M. le lieutenant de vaisseau Labrousse, avait imaginé de pratiquer à l'arrière, au-dessus de la cage à hélice, une trouée verticale, véritable puits par lequel on remonte l'hélice hors de l'eau. La nécessité de ce puits est évidente pour tous les bâtiments destinés à se servir fréquemment de leurs voiles, et à rester longtemps éloignés des ports. Aussi les puits sont-ils absolument réglementaires dans la marine anglaise, et le sont-ils à peu près dans la nôtre. Ils présentent pourtant des inconvénients faciles à reconnaître.

En premier lieu, cette large ouverture, qui traverse du haut en bas l'arrière du navire, — et qui, dans certains grands vaisseaux de guerre, munis de l'hélice ordinaire, n'a pas moins de 6 mètres 50 centimètres de section, — cette ouverture, disons-nous, diminue d'autant les logements disponibles; en outre, elle affaiblirait la charpente, si l'on n'avait soin de renforcer celle-ci par l'addition de lourdes pièces de liaison; enfin elle rend très-difficile l'installation des barres à gouverner et de l'artillerie de retraite.

M. Amédée Mangin s'est proposé de remédier à ces incommodités au moyen d'un système qui permît une réduction de moitié sur la largeur du puits. Non-seulement il a atteint son but, mais encore il a obtenu, du même coup, un avantage plus grand encore, puisque son appareil offre, avec une puissance égale, une étendue de surface de moitié moindre que celle de l'hélice ordinaire, et que le puits devient, par ce fait, d'une nécessité beaucoup moins rigoureuse, le vaisseau pouvant, sans perte de sillage, naviguer à la voile sans qu'il soit besoin de recourir à la manœuvre toujours pénible du remontage de l'hélice.

La combinaison est simple : elle consiste à couper en deux l'hélice ordinaire à deux ailes, par un plan perpendiculaire à son axe, et passant par le milieu de son moyeu, et à placer ces deux moitiés l'une devant l'autre. On obtient ainsi un nouveau propulseur ayant le même diamètre, le même pas, la même fraction de pas, la même surface totale, le même poids et la même longueur suivant l'axe, que l'hélice primitive; mais sa projection sur la section transversale du navire est réduite de moitié; il peut donc se hisser par un puits de moitié moins large; et il est d'ailleurs presque entièrement masqué par l'étambot avant, lorsqu'il se trouve dans la position verticale, qui est celle du repos et convient seule pour la navigation à la voile.

Un premier essai comparatif eut lieu, en juin 1853, sur l'aviso à vapeur le *Marceau*, entre l'hélice nouvelle et l'hélice ordinaire à deux ailes, dont le bâtiment était d'abord pourvu. Cette dernière était en bronze poli, tandis que l'hélice expérimentée avait été, pour plus d'économie, coulée en fonte de fer et laissée brute. Les résultats furent néanmoins satisfaisants à ce point que la commission qui les avait constatés exprima le vœu que l'appareil de M. Mangin fût appliqué sans délai à un grand navire, et ensuite, si le succès se confirmait, définitivement adopté.

En conséquence, cet appareil fut installé sur la corvette à vapeur le *Phlégéthon*, qui, après des épreuves de précision faites en eau calme, le long d'une base mesurée, alla, muni de son nouveau propulseur, prendre part à l'expédition de la Baltique.

Là, le *Phlégéthon* s'est constamment maintenu au premier rang parmi les bons marcheurs des escadres combinées. Son hélice, en s'abritant derrière l'étambot, sans être désembrayée, lui permettait d'accompagner les escadres à la voile, tout en demeurant prêt à reprendre instantanément la marche à la vapeur.

L'économie de combustible, due à cette aptitude aux deux modes de navigation, n'a pas été estimée à moins de 20 p. 100. Comme remorqueur (et ceci est important en ce qui concerne l'hélice), le *Phlégéthon* ne s'est pas moins distingué, puisque, au retour de la campagne, il a remorqué le vaisseau-amiral anglais à trois ponts le *Neptune*, auquel il a fait filer, pendant toute une nuit, contre petite brise et mer debout, 7 nœuds 8/10 et 8 nœuds.

A bord de la même corvette, l'hélice ancienne à deux ailes, calculée pour le moindre encombrement, exigeait un puits de remontage de 1 mètre 80 centimètres; l'hélice de M. Mangin n'a que 69 centimètres de large, et peut être remontée par un puits de 75 centimètres. La première, placée verticalement derrière l'étambot, le dépassait de 43 centimètres de chaque côté; la seconde, dans la même position, ne fait, de chaque côté de l'étambot avant, qu'une saillie de 95 millimètres, et n'offre ainsi au sillage qu'une résistance insensible. Essayée à Cherbourg au point de vue de l'effet utile, elle a donné un rendement égal à celui des meilleures hélices à deux ailes, et son mode de fonctionnement la rapproche des hélices à quatre ailes : circonstance précieuse dont on peut tirer parti, dans certains cas, pour réduire la vitesse de régime des machines à mouvement direct.

En raison de ces avantages, l'hélice de M. Mangin a été rendue, en 1854, presque réglementaire par une décision ministérielle qui ordonnait que l'usage en serait désormais « aussi multiplié que possible. » Elle a, en outre, valu à son auteur une médaille de deuxième classe à l'Exposition universelle de 1855. L'exemplaire qui figurait au Palais de l'Industrie avait été envoyé par l'usine impériale d'Indret. Il est en bronze poli ; son diamètre est de 6 mètres ; il a été adapté depuis au vaisseau l'*Impérial*, de 900 chevaux. D'autres hélices du même modèle, mais de dimensions encore plus grandes, ont été installées sur la gigantesque *Bretagne*, dont nous parlerons un peu plus loin, et sur d'autres vaisseaux de premier rang, construits d'après le beau type du *Napoléon*.

Au point de perfection où il est actuellement parvenu, le propulseur-hélice, comparé aux roues à aubes, possède, pour la navigation maritime, et particulièrement pour la marine militaire, des avantages qu'il nous suffira d'énoncer pour les faire apprécier par nos lecteurs, que nous supposons, sans leur faire tort, à peu près, sinon tout à fait étrangers à l'architecture et à la mécanique navales.

1° L'hélice, quel que soit le mouvement de tangage ou de roulis du navire, ne tourne jamais à vide, comme nous avons vu que font souvent les roues à aubes par les gros temps, puisqu'au lieu d'être placée hors de l'eau comme celles-ci, dont les palettes ne doivent plonger qu'à une très-faible profondeur, elle est toujours au-dessous de la ligne de flottaison, et, par conséquent, entièrement et constamment submergée.

2° Cette position du propulseur le met à l'abri des accidents auxquels les roues sont exposées, et hors de l'atteinte des projectiles.

3° La machine à vapeur qui le met en mouvement est aussi beaucoup moins exposée; elle peut, en effet, être installée tout à fait à fond de cale, ce qui a encore l'avantage d'abaisser le centre de gravité du vaisseau et de lui donner plus de stabilité.

4° Un bénéfice énorme est réalisé sous le rapport des logements et de l'espace, d'abord par l'absence des roues, qui laisse tout le bordage libre et permet d'y disposer les batteries comme sur les bâtiments à voiles, ensuite par les faibles dimensions et la position de la machine.

5° Le vaisseau reprend sa forme primitive et son gréement complet; à l'exception de la courte cheminée qui s'élève au-dessus du bord, et qu'on ne voit pas toujours d'une certaine distance, rien absolument ne le distingue à l'extérieur du bâtiment à voiles, dont il a en effet toutes les qualités; si bien qu'en supposant que, par une aventure très-improbable, sa machine ou son propulseur se trouvassent tout à coup hors de service, il ne serait point pour cela en détresse. Il reviendrait seulement à l'état de simple voilier.

6° Dans l'état normal, sa marche à la voile n'est point arrêtée ni ralentie par son propulseur, celui-ci pouvant être hissé hors de l'eau, et n'offrant d'ailleurs à la mer, lorsqu'il est au repos, qu'une résistance insignifiante.

En un mot, l'usage de l'hélice permet de réunir, dans un même navire, aux incontestables et précieux avantages du gréement et de l'armement des bâtiments à voiles, celui d'un propulseur nullement gênant, dont on peut à volonté se servir ou ne pas se servir, et qui, lorsqu'on le met en jeu, réalise à un degré éminent tous les bienfaits de la locomotion par la vapeur. L'objection qui repose sur l'infériorité absolue de vitesse de l'hélice comparée aux roues ne saurait être sérieusement soutenue : premièrement, parce qu'elle est compensée, et au delà, par les heureux résultats que nous venons de dire; deuxièmement, parce que cette infériorité n'est bien réelle que sur une mer tranquille, mais qu'elle disparaît, ou à peu près, dès que se présentent les circonstances si fréquentes qui contrarient ou neutralisent l'action des roues, tandis qu'elles ne peuvent rien sur l'hélice; troisièmement enfin, — et ce point est le résumé des deux précédents, — parce qu'on n'a jamais prétendu obtenir avec l'hélice plus de vitesse qu'avec les roues, mais bien rassembler, dans un même navire, les qualités des bâtiments à voiles et celles des bâtiments à vapeur, d'une façon plus complète que par l'emploi des roues; et c'est à quoi l'on est parvenu.

Le triomphe de l'hélice sur les roues, pour la navigation maritime, doit donc être regardé aujourd'hui comme décisif et irrévocable. Ajoutons en terminant que, pour la navigation intérieure, il n'en est pas de même. Sur les fleuves et les rivières, en effet, point de tangage ni de roulis qui puisse déranger le jeu des roues; point de boulets à craindre, ni de batteries à installer; et, quant au vent, il ne peut jamais exercer pour ou contre la marche du bateau qu'une action peu sensible. Au contraire, la question de vitesse absolue est ici capitale, et les roues sont, sans contredit, le système de propulsion qui la résout de la manière la plus satisfaisante.

Ainsi, la belle invention de Fulton ne périra pas, et les travaux de ce célèbre ingénieur n'auront pas été seulement le point de départ de la glorieuse série de conquêtes que nous venons de retracer; ils auront eu pour effet d'établir d'une manière durable, sur les voies naturelles dont la Providence a sillonné la terre ferme, un mode de communication assez sûr, assez rapide et assez économique, pour que la création même des chemins de fer ne lui ait presque rien ôté de son importance et de son utilité.

CHAPITRE VII

Développements prodigieux de la navigation par la vapeur en France, en Angleterre et aux États-Unis. — Marine française. — Vaisseaux mixtes. — Le *Napoléon*. — La *Bretagne*. — Marine américaine. — *Steam-boats, steamers* et *clippers*. — Le *Great-Republic*. — Marine britannique. — Le *Persia*. — Le *Great-Britain*. — Le *Great-Eastern*.

Nous voudrions, pour compléter ce qui concerne l'application des machines à vapeur à la navigation, donner à nos lecteurs une idée de l'impulsion prodigieuse que cette application a imprimée, depuis quelques années, au développement des marines commerciale et militaire chez les peuples civilisés. Nous ne saurions cependant entreprendre de dresser ici un état détaillé du nombre, des dimensions et de la force des pyroscaphes grands, moyens et petits qui, sur toute la surface du globe, parcourent en tous sens les océans, les mers, les fleuves et les rivières. Cette statistique, à la rigueur, serait possible pour les trois grandes puissances maritimes du globe, l'Angleterre, la France et les États-Unis; mais encore ne présenterait-elle que des chiffres approximatifs, car il en est des vaisseaux comme des hommes: leur nombre varie, pour ainsi dire, d'un moment à l'autre; chaque jour en voit naître — et périr, hélas! — plusieurs. Tandis que les uns sont lancés de leurs chantiers dans les flots; tandis que leur coque neuve se balance, pavoisée de drapeaux, au son des fanfares joyeuses, et qu'ils reçoivent, sur ces vastes fonts baptismaux qu'on nomme des rades, la bénédiction du prêtre et les vœux de leurs parrains, d'autres se brisent sur des écueils, ou se perdent dans les glaces du pôle, ou deviennent la proie des flammes, ou disparaissent sans qu'un seul homme de leur équipage, échappant au désastre, sans qu'une seule épave, poussée par les vagues sur le rivage, vienne apprendre aux vivants les mystérieuses circonstances de leur ruine !... Mais ne nous arrêtons pas à ces tristes images, et sachons nous résigner, puisque telle est la loi, aux conséquences nécessaires de notre soif insatiable de domination, et au châtiment de notre indomptable audace.

Aussi bien, ce livre n'a point l'ambitieuse prétention d'être une œuvre philosophique, et Dieu nous garde d'aborder les redoutables questions que soulève, au point de vue des desseins secrets de la Providence et des destinées humaines, l'étonnante histoire des conquêtes de la science sur la nature ! Notre seul but est d'instruire nos lecteurs sans fatiguer leur esprit ; de leur présenter, sous une forme aussi attrayante que possible, un ensemble de faits où nous avons pensé qu'ils trouveraient, dès aujourd'hui, quelque intérêt, et que, dans la suite, avec la maturité d'un âge plus réfléchi et le secours des enseignements plus élevés qu'ils auront reçus d'ailleurs, ils ne méditeront pas sans fruit.

Revenons donc à nos bateaux, et, sans recourir aux chiffres arides des statistiques officielles, essayons de faire apprécier par quelques exemples les progrès merveilleux accomplis, dans ces derniers temps, en fait de navigation par la vapeur.

Constatons d'abord, comme un fait général, la tendance qui se manifeste partout, non plus à substituer la machine à vapeur aux voiles, comme on inclinait à le faire lorsque l'enthousiasme pour le nouveau système était encore dans toute sa chaleur, mais à concilier, à combiner autant que possible ces deux moyens de locomotion, ce qui, comme nous l'avons dit, est devenu facile grâce à l'emploi de l'hélice, qui, elle-même, ne tardera sans doute pas à remplacer les roues sur tous les bâtiments destinés aux voyages de mer. Ajoutons aussi que les gouvernements et les compagnies s'efforcent d'augmenter à la fois la puissance des navires et la force des machines. Toutefois, on trouve avantageux, dans certains cas, principalement pour les vaisseaux de guerre, de n'avoir qu'une force de vapeur modérée, destinée à servir seulement d'auxiliaire et à ne fonctionner que lorsque la voilure est insuffisante ou inutile, comme il arrive par les vents contraires ou lorsqu'il s'agit d'accélérer une chasse ou une retraite, ou de retirer du combat le vaisseau désemparé, etc. Telle est l'origine des bâtiments *mixtes*, construits et gréés pour marcher à la voile, et munis en même temps d'une machine peu encombrante et de moyenne force. Ce genre de navires est fort estimé par nos officiers et nos ingénieurs, et notre marine militaire en possède quelques spécimens remarquables parmi les vaisseaux de premier rang. Ils portent ordinairement 80 ou 90 canons, et une machine de 450 ou 500 chevaux. Tels sont les vaisseaux l'*Austerlitz* et le *Jean-Bart*. Nous comptons, en outre, plusieurs vaisseaux où les rôles de la machine et de la voilure sont intervertis, celui de la première étant le principal, et la seconde, au contraire, étant considérablement réduite. C'est à ce dernier genre qu'appartient le *Napoléon*, construit sous la direction de M. Dupuy de Lôme, et que les gens de l'art regardent comme le type le plus élégant et le plus parfait des grands pyroscaphes. Le *Napoléon* est armé de 90 canons, et sa machine est de 900 chevaux. Son hélice est sortie des ateliers de M. Lenormand, constructeur au Havre; elle est à trois ailes. La *Bretagne*, dont nous avons dit deux mots dans le chapitre précédent, est aussi un véritable *steamer*. C'est le plus grand qui soit jamais sorti de nos chantiers. Sa longueur est de 81 mètres; ses batteries contiennent 132 canons, et pourraient en recevoir 146 au besoin. Son équipage est de 1,200 hommes, et la force de sa machine de 1,200 chevaux.

Mais, il faut l'avouer, si notre marine militaire est respectable et digne d'admiration, par le nombre, la force et la beauté des navires de tout rang qui la composent, — nous ne parlons point du mérite et de la bravoure de ses officiers et de ses matelots, — notre marine commerciale et industrielle est bien peu de chose si on la compare à celles des États-Unis et de l'Angleterre.

Les États-Unis, par suite du système politique qui les régit, sont loin de posséder des forces navales en rapport avec leur richesse et leur puissance, et ils sont, sous ce rapport, bien au-dessous de l'Angleterre, et même de la France. Dans ce pays classique de la liberté illimitée, de l'industrie à outrance, de la spéculation audacieuse et des fortunes fabuleuses, le gouvernement n'a qu'une action presque insignifiante; il laisse à l'initiative des compagnies et des simples particuliers le soin de créer les plus vastes établissements d'utilité publique, et le *génie des affaires*, qui est le génie propre à ce peuple extraordinaire, ne fait point défaut à cette mission : c'est l'industrie privée, c'est la spéculation qui a donné à l'Amérique l'étonnante prospérité matérielle dont elle jouit, qui l'a enveloppée d'un immense réseau de rail-ways, et qui a tendu en tous sens, d'une extrémité à l'autre de son vaste territoire, à travers les fleuves, les lacs, les montagnes et les forêts, ces milliers de fils métalliques que l'électricité transforme en messagers, et qui, pour l'échange des idées et les communications de la pensée, suppriment et le temps et l'espace. C'est aussi l'initiative des spéculateurs, qui, avec des capitaux énormes et des millions de bras, a lancé sur les mers, les lacs et les fleuves qui baignent les côtes et arrosent le territoire de l'Union, ces innombrables et gigantesques navires à voiles et à vapeur, qui dédommagent si amplement la Confédération de l'infériorité de sa marine de guerre, dont les *Yankees* se soucient médiocrement. Ces intrépides aventuriers de l'industrie, ces forcenés hommes d'affaires, qui risquent leur vie sans difficulté dès que la chance de gain leur semble compenser suffisamment le danger, sont, au demeurant, des hommes pacifiques. La guerre est à leurs yeux une mauvaise spéculation ; voilà pourquoi ils ne l'aiment point ; voilà pourquoi ils n'ont ni armée ni flotte. Ils ont, au contraire, des produits de toutes sortes à exporter, à échanger d'un État à l'autre et avec tous les autres peuples du monde : excellente spéculation, qui ne peut se faire qu'avec de beaux et bons vaisseaux naviguant rapidement sur toutes les eaux ; voilà pourquoi ils possèdent une marine marchande sans rivale. Nous emprunterons sur ce sujet quelques détails curieux et caractéristiques à un spirituel écrivain qui a résidé trois ans aux États-Unis.

« Le nombre des navires américains qui sillonnent toutes les mers, dit-il, est vraiment prodigieux. Si les Américains n'avaient pas recours aux marins de toutes les nations pour le service de leur commerce maritime, il y aurait, en vérité, plus d'Américains vivant sur mer que sur terre. Partout, au sud comme au nord, à l'est comme à l'ouest, en pleine mer comme sur les côtes, on voit les navires américains dans une proportion considérable. L'Amérique ne périrait pas s'il survenait un tremblement de terre qui bouleversât son territoire ; la population flottante des mers suffirait, avec les richesses provenant des navires, pour reconstruire de nouveaux et florissants États.

« Il est impossible, pour peu qu'on ait l'amour de la navigation, de ne pas être vivement frappé de la beauté des *clippers* américains, véritables poissons volants ; de la grandeur imposante de leurs *steamers*, et de la magnificence de leurs *steam-boats* de rivière. Ce n'est pas dans les villes des États-Unis qu'il faut chercher les monuments de l'Amérique : ces monuments sont les navires à vapeur, qu'il faut aller voir sur l'Hudson, l'Ohio et le Mississipi, promenant leur triomphante majesté.

« L'audace des Américains se révèle tout entière dans la construction de leurs machines à vapeur appliquées à la marine. Quelques-unes de ces machines ont atteint des proportions vraiment effrayantes. On peut citer des bateaux à vapeur de la force de 1,200 chevaux. Sans parler des grands steamers qui font les longs voyages de l'Europe et de la Californie, combien ne doit-on pas admirer les steam-boats, ou plutôt les palais flottants, à deux, trois et quatre étages au-dessus de l'eau, qui sillonnent l'Ohio, le Mississipi et la rivière de l'Hudson ! Ces vastes bateaux à vapeur, inconnus en Europe, sont de véritables villes, qui emportent jusqu'à deux mille voyageurs, des marchandises considérables et de nombreux troupeaux.

« Mais aussi que sont, à côté de l'Ohio, du Mississipi et de l'Hudson, véritables mers d'eau douce, les *grands* lacs si vantés de la Suisse ? Le lac de Genève et le lac de Côme paraîtraient de petites flaques d'eau en comparaison des fleuves, des rivières et des lacs américains. Pendant que, sur les lacs d'Europe, on admire les bateaux à vapeur qui atteignent la force de quarante chevaux, en Amérique on compte comme ordinaires les steamboats de six cents chevaux de vapeur. Ces bateaux, d'une coupe parfaite, admirables à l'extérieur, ne sont pas moins remarquables à l'intérieur. Ils sont dorés partout, recouverts de beaux tapis, tendus de soie et de velours, ornés de belles glaces et meublés avec luxe. On y trouve des pianos, des jeux de toutes sortes et des bibliothèques. Malheureusement on n'y est pas toujours en sûreté. Gare aux voyageurs qui naviguent sous le commandement d'un capitaine zélé, si celui-ci rencontre un concurrent ! Il veut le dépasser à toute force, chauffe la machine au delà de toute proportion, non-seulement avec du charbon et du bois, mais aussi avec de la résine. Si le concurrent ne cède pas, l'équipage entier du bateau en fait une question d'honneur. Bientôt l'enthousiasme se propage et finit par gagner les passagers eux-mêmes, qui forment la chaîne depuis le pont jusqu'aux fourneaux, et se passent de main en main, avec des hurrahs d'encouragement, le combustible qui doit assurer le succès ou faire sauter le navire.

« Les steam-boats américains sont construits de manière à recevoir toute la charge sur le pont. L'intérieur est entièrement rempli par l'énorme machine. On n'aperçoit de cette machine, au milieu du bâtiment, que le gigantesque balancier, comme une pompe sans cesse en mouvement. A côté du balancier, mais plus haut et par-dessus tous les étages du steam-boat, s'élève un petit pavillon où se tiennent en observation le capitaine qui commande la manœuvre, et le timonier qui de là dirige le gouvernail.

« Il n'y a pas de petits bateaux à vapeur en Amérique. Les plus petits steam-boats, à New-York, sont les *ferry-boats* de Brooklin, qui traversent, jusqu'à New-York, la Rivière de l'Est, 160 mètres environ. Les ferry-boats n'ont pas moins de 80 chevaux de force. Ce sont des bateaux de ce genre qui traversent toutes les rivières, les ponts étant, pour ainsi dire, inconnus aux États-Unis. »

Malgré les services signalés que leur rend chaque jour l'invention de leur concitoyen Fulton, — dont ils sont très-fiers, ainsi que de tous leurs hommes célèbres, et pour la mémoire duquel ils montrent une grande vénération ; — les Américains ne sont pas aussi exclusifs qu'on pourrait le croire, en faveur des steamers. Il se construit encore dans leurs chantiers, pour le transport des marchandises et des émigrants, beaucoup de navires à voiles d'un fort tonnage, principalement de ceux qu'ils nomment *clippers*, que leur forme particulière rend très-aptes à une marche rapide, et qui servent aujourd'hui de modèles aux ingénieurs anglais et français. Le plus grand vaisseau que la marine des États-Unis ait jamais eu, n'était pas un steamer, mais un clipper géant. C'était le *Great-Republic*.

« J'ai eu, dit le même auteur que nous venons de citer, le plaisir de visiter en détail ce chef-d'œuvre naval, quelques jours seulement avant que le feu, fléau de l'Amérique, l'eût consumé dans la baie de New-York, où il se trouvait en chargement. Ce sinistre imprévu a été l'objet d'un deuil national de la part des Américains, si justement fiers de leurs clippers. C'était un spectacle vraiment douloureux, de voir ce noble et beau navire, destiné à commander les mers, ainsi brûlé sur ses ancres, sans qu'on pût lui porter secours, et la veille du jour où il devait prendre la mer pour la première fois. La population entière de New-York est allée contempler ce lugubre et navrant spectacle. On eût dit que le navire, rongé par la flamme, souffrait de cette mort prématurée, et on souffrait avec lui. L'intérêt qui s'attachait à ce clipper, le plus vaste navire du monde, s'augmentait encore de toutes les difficultés que son constructeur avait eu à surmonter.

« C'est un simple ouvrier d'East-Boston, nommé Donald Mac-Kay, qui, sans l'appui d'aucun banquier ni d'aucune maison de commerce, était parvenu, à force d'énergie, à mener à fin cette gigantesque entreprise, le rêve d'une vie laborieuse. Le *Great-Republic* avait 325 pieds de long, 53 de large, et autant de profondeur. Il n'avait pas moins de quatre ponts au complet, et pouvait recevoir 8,000 tonneaux de fret. On évaluait à 2,380 tonnes le chêne blanc qui entrait dans sa charpente et dans ses courbes, et à 1,500,000 pieds le sapin dur dont on s'était servi dans les contre-quilles, les planchers, le tillac, les faux-ponts, le bordage, etc. On portait à 300 tonneaux le fer employé sous diverses formes, le cuivre à 56 tonneaux, et les courbes à 1,600. Ce navire, qui était partout doublé de cuivre, avait 25 pieds d'élévation (1), et l'on estimait qu'il n'avait pas fallu moins de 50,000 journées de travail pour sa construction.

(1) Il y a évidemment ici une erreur de l'auteur ou une faute d'impression, et, au lieu du mot *élévation*, c'est sans doute *tirant d'eau* qu'il faudrait lire, puisqu'il a été dit, quelques lignes plus haut, que le *Great-Republic* avait 53 pieds de *profondeur*.

« Quoique d'une si vaste capacité, ce navire réunissait toutes les qualités de beauté, de force et de vitesse. Et, à ce propos, il est bon de dire qu'en un seul jeu, il étalait 16,000 yards de voiles. De ses quatre mâts, car ce clipper avait quatre mâts, le second, à l'avant, était gréé comme l'artimon d'une barque; les trois autres avaient le gréement carré de torbes. Le grand mât avait 4 pieds de diamètre, et 131 pieds de haut; la grande vergue avait, de son côté, 28 pouces de diamètre, et 120 pieds d'envergure. Le reste de la mâture était en proportion. Les cabines se trouvaient entre les deux ponts supérieurs. Enfin, dans ses vastes flancs, ce clipper contenait une machine à vapeur de la force de 15 chevaux, destinée à faire tout le gros ouvrage, tel que charger les voiles, les décharger et les hisser. M. Mac-Kay, qui comptait faire naviguer ce léviathan des mers à ses propres risques et périls, en avait confié le commandement à son frère, L. Mac-Kay, déjà connu comme capitaine du *Sovereign of the Seas*.

« En quelques heures le feu, communiqué au navire par une flammèche détachée d'une maison incendiée sur le port, a détruit cette merveille, dont il reste pourtant encore quelque chose. Le feu avait tout dévoré jusqu'à la flottaison, mais n'avait pas atteint plus bas. Sur cette partie intacte du clipper, on a reconstruit un nouveau navire, qui, sans être l'égal du premier, est néanmoins encore le plus beau de tous les clippers à flot, et un des meilleurs marcheurs que l'on connaisse. »

Si de la grande république du nouveau monde nous revenons à l'antique Albion, nous verrons que ce royaume est digne de ses glorieuses traditions maritimes, et que sa marine à vapeur est aujourd'hui ce qu'était autrefois sa marine à voiles, la plus florissante du monde, non-seulement par le nombre des navires qui la composent, mais aussi par leurs proportions colossales, par leur force, par leur vitesse et par leur beauté. Tandis que nous avons en France une très-belle et trèsimposante marine militaire, mais une marine marchande relativement médiocre ; et tandis que les États-Unis possèdent, au rebours, à côté d'une multitude de steam-boats, de steamers et de clippers destinés au trafic, une marine militaire de second ordre, l'Angleterre a su conserver sa suprématie en l'un et l'autre genre. Dans la guerre que récemment, de concert avec elle, la France a soutenue contre la Russie, la Grande-Bretagne a dû reconnaître combien notre armée était supérieure à la sienne ; mais nous n'avons pu nous dissimuler non plus que, si jamais se réveillait, — ce qu'à Dieu ne plaise ! — l'antique rivalité des deux grandes nations occidentales, notre marine ne pourrait soutenir qu'à force de courage et d'habileté une lutte matériellement inégale contre celle de nos voisins. Pour ce qui est des steamers que la Compagnie des Indes, ou les autres Compagnies de navigation transatlantique, orientale, occidentale, etc., ou même de simples armateurs lancent chaque jour dans ses ports, et expédient de là sur tous les points du globe, il ne se fait rien en France qui puisse leur être comparé.

Le plus grand steamer qui ait encore pris la mer, est un paquebot anglais, le *Persia*. Il est entièrement construit en fer. Sa longueur, de la proue à la poupe, est de 118 mètres 80 centimètres ; elle est de 119 mètres 70 centimètres à la ligne de flottaison. Sa largeur est de 14 mètres, sa profondeur de 9 mètres 75 centimètres. Le diamètre de ses roues est de 12 mètres. Il a 2 machines, 8 grandes chaudières tubulaires, et 2 cheminées ; la force motrice dont il dispose est de 1,200 chevaux. Enfin il jauge 3,657 tonneaux métriques, et fait 36 kilomètres à l'heure.

Le *Great-Britain*, le premier navire en fer qui soit sorti des chantiers anglais, avait 98 mètres de long sur 15 mètres 1/2 de large.

Mais ces géants paraîtront presque des nains auprès du navire monstre dont le lancement se prépare sur les bords de la Tamise, et sur lequel nos lecteurs nous sauront gré, nous l'espérons, de leur donner quelques détails.

Ce furent des Anglais, on se le rappelle, qui osèrent les premiers, en 1838, tenter, sur les bateaux à vapeur le *Sirius* et le *Great-Western*, la traversée de l'océan Atlantique. Ce fut une compagnie anglaise qui, en 1843, fit le premier et heureux essai d'un navire (le *Great-Britain*) dans la construction duquel le fer était totalement substitué au bois. C'est encore une compagnie anglaise qui prend aujourd'hui l'initiative de la plus gigantesque entreprise maritime dont on ait jamais ouï parler.

On sait l'importance que la découverte récente de riches mines d'or en Australie a donnée aux colonies que la Grande-Bretagne possède dans cette île, ou, si l'on veut, sur ce continent.

L'Australie fait, depuis trois ans environ, une concurrence formidable à la Californie. Elle est devenue l'Eldorado vers lequel s'élancent en foule tous ceux que la misère ou la cupidité, la nécessité ou le goût des aventures chassent de notre vieux monde pour les entraîner dans un monde nouveau. Il y a là un phénomène économique et social qui ne pouvait manquer de fixer l'attention des spéculateurs.

Les spéculateurs n'ont jamais, que nous sachions, prétendu sérieusement au rôle de précepteurs du genre humain. Ils se soucient peu qu'un besoin soit moral et conforme à la loi divine, qu'une passion soit généreuse ou vile. Ils se demandent seulement le parti qu'on peut en tirer pour s'enrichir; et si, tout bien examiné, ils croient y voir une source de bénéfices, ils ne se font nullement faute de l'encourager.

C'est pourquoi, voyant la fièvre de l'émigration et l'*auri sacra fames* s'emparer de leurs contemporains, voyant des hommes, des femmes, des jeunes gens, des vieillards, quitter en foule leur patrie pour aller chercher de l'or au delà des mers, et voyant de plus que, si beaucoup de ces malheureux ne trouvaient que la misère et la mort là où ils espéraient rencontrer et saisir aux cheveux la fortune, d'autres, en assez bon nombre, revenaient chargés du précieux métal, les spéculateurs anglais ont jugé qu'il y avait là *une affaire,* et une grande affaire.

Aussitôt une compagnie s'est formée, riche, puissante, décidée à oser beaucoup pour gagner le plus possible. Elle s'appelle la Compagnie de Navigation à vapeur orientale (*Eastern steam-navigation Company*). Son but est d'emmener en Australie des émigrants et des marchandises, d'en ramener des hommes enrichis et de l'or. Il s'agit pour elle, non plus de cette bagatelle qu'on nomme la navigation transatlantique, mais d'un service de communications régulières et rapides à établir sur une échelle colossale entre la métropole et ses colonies australiennes. Il s'agit de faire franchir d'une seule traite, sans relâche, en moins de cinq semaines, à dix mille personnes à la fois, les mers qui séparent l'Angleterre de la Nouvelle-Hollande.

Or aucun des grands navires à vapeur qui existent aujourd'hui ne serait de taille à exécuter un pareil tour de force. Il fallait créer, pour l'accomplir, un vaisseau-géant qui, non-seulement dépassât de moitié tous ses aînés par ses dimensions, mais fût, en raison même de sa grandeur inusitée, construit sur un modèle et d'après un système entièrement nouveaux. C'est un ingénieur d'origine française, M. Brunel, qui a été chargé de mettre au jour ce colosse des mers, baptisé d'avance du nom symbolique de *Leviathan,* auquel on a substitué depuis celui de *Great-Eastern* (Grand-Oriental).

Nous n'avons pas à examiner ici la question complexe et ardue de la moralité de l'entreprise, qui, inspirée dans le principe par une idée de spéculation, pourra bien, comme tant d'autres, par la volonté de Dieu et par l'enchaînement des circonstances, tourner, en définitive, au profit de la civilisation et de l'humanité. Nous ne considérons que l'œuvre scientifique et industrielle, le progrès réalisé dans la navigation à vapeur. En tout cas, il serait injuste de le nier, l'œuvre est magnifique, le progrès est immense.

C'est à Millwall, près de Londres, sur le chantier de M. Scott-Russell, et sous la direction de M. Brunel, que les travaux s'exécutent avec une rapidité qui n'est pas la circonstance la moins remarquable de ce grand événement industriel. Commencés il y a deux ans environ, et forcément ralentis pendant les longs et durs hivers d'un climat septentrional, ces travaux touchent à leur fin au moment où nous écrivons.

La coque du navire est entièrement terminée; il en est de même des divers organes et appareils, qui ne tarderont pas à y prendre chacun la place qui lui est assignée. Ceci n'est donc point une conception théorique, mais une réalité visible et palpable.

Nous allons essayer de donner à nos lecteurs une idée aussi exacte que possible de cette huitième merveille du monde.

Parlons d'abord de ses dimensions.

Le *Great-Eastern* est presque deux fois aussi long que le *Persia*, puisqu'il a 214 mètres de longueur de quille. Sa largeur, proportionnellement moindre, est de 25 mètres, et sa profondeur de 18 mètres.

Son mode de construction le distingue, non-seulement des vaisseaux en bois, mais encore des autres navires en fer. Ceux-ci, en effet, avaient toujours été construits d'après les mêmes principes que ceux-là, c'est-à-dire en appliquant des clins ou plaques de tôle sur une carcasse de membrures en fer forgé. A ce système, qui n'eût pas présenté, pour un aussi grand vaisseau, une solidité suffisante, on en a substitué un autre, remarquable par son ingénieuse simplicité.

Les murailles, formées de plaques de tôle assemblées entre elles comme celles des chaudières à vapeur, sont doubles et creuses. L'entre-deux est maintenu par des cloisons entre-croisées; il se compose, par conséquent, d'un certain nombre de cellules étanches, sans communication entre elles, ce qui a pour effet de localiser les voies d'eau qui pourraient survenir, et de donner à la coque, avec une solidité non moins grande que si elle était de fer massif, une légèreté spécifique égale à celle des navires en bois. La distance entre les deux parois est de 75 centimètres. L'épaisseur des plaques est de 25 millimètres. Chacune d'elles a été taillée sur un patron particulier, avec d'énormes cisailles mues par une machine à vapeur, puis passée entre des cylindres qui lui ont donné le degré de courbure nécessaire; chacune a été numérotée comme le sont les pierres destinées à la construction d'une voûte; après quoi on n'a plus eu qu'à lui faire prendre la place qui lui était d'avance assignée.

L'intérieur du navire est partagé transversalement en dix compartiments principaux, par des cloisons en tôle, placées à 18 mètres les unes des autres. Ces compartiments sont subdivisés de la même manière, selon les besoins de l'aménagement. Le pont supérieur est double et cellulaire comme les murailles. Les ponts inférieurs sont simples; ils divisent dans leur hauteur les compartiments transversaux.

On voit qu'il n'entre pas une parcelle de bois dans la construction de la coque. Le navire n'aura donc rien à redouter du feu; pour ce qui est de l'eau, ses parties sont assemblées et disposées de telle sorte qu'une voie d'eau, même très-large, n'envahirait jamais qu'un espace très-restreint de sa capacité; et si, par un choc violent, il se trouvait brisé en deux, trois ou quatre morceaux, chacun de ces débris, ne pouvant être envahi par l'eau, continuerait de flotter comme le vaisseau lui-même.

Venons maintenant aux appareils moteurs.

Ils sont de deux sortes : des roues à aubes et une hélice.

Les roues, qui ont 17 mètres de diamètre, recevront leur mouvement de quatre machines représentant une force nominale de 1,400 chevaux. Chacune de ces machines est pourvue de sa chaudière. Leurs cylindres ont 1 mètre 85 centimètres de diamètre, et 4 mètres 20 centimètres de course. Elles occupent en hauteur un espace de 15 mètres.

Les machines destinées à faire tourner l'hélice sont également au nombre de quatre, alimentées par six chaudières. Leur force est de 1,700 chevaux. L'arbre de l'hélice a 18 mètres de long, et pèse 60,000 kilogrammes. Le diamètre de l'hélice elle-même est de 7 mètres 30 centimètres.

Outre ces puissants moyens de locomotion, le *Great-Eastern* aura sept mâts de hauteur moyenne, dont deux porteront des voiles carrées; il aura aussi un foc d'étrave, mais point de beaupré. Ce mât est supprimé, afin de ne point charger l'avant sans nécessité. Au surplus, on ne se servira guère de la voilure que pour appuyer le navire à la mer, si ce n'est lorsqu'il s'élèvera un bon vent frais, auquel cas ses 6 à 700 mètres carrés de toile pourront lui donner, comme voilier, une marche supérieure.

A l'aide de ses roues et de son hélice, il fournira une course moyenne de 18 milles 1/4 par heure, et traversera l'Atlantique, c'est-à-dire une distance de 3,000 milles, en 8 jours 1/2. Quant à la traversée d'Angleterre en Australie, il pourra l'effectuer en 38 jours, sans se détourner de sa route pour faire du charbon.

La capacité totale du *Great-Eastern* est de 22,000 tonneaux. Les soutes à charbon contiendront 10,000 tonnes de combustible, et il restera dans les autres soutes de quoi charger 5,000 tonnes de marchandises. De plus, et outre la place occupée par les machines, les magasins, les cuisines, etc., des chambres et appartements commodes, spacieux, meublés même avec un certain luxe de confortable, pourront loger 800 passagers de première classe, 2,000 de seconde, et 1,200 de troisième.

Il semble, au premier abord, que la manœuvre d'un si grand

navire exigera un nombreux équipage. Cela serait vrai, si l'on n'avait trouvé, en notre siècle, le moyen de remplacer presque partout déjà le travail des hommes par celui des machines. Mais la marine n'est pas restée, sous ce rapport, en arrière de l'industrie. Les Américains ont déjà inventé des *steam-sailors*, c'est-à-dire des *matelots à vapeur*, appelés aussi par eux et par les Anglais *servants of all works*, serviteurs à tout faire, — qui surpassent de beaucoup, sous le rapport de la vigueur, de la précision et de la rapidité du travail, de la docilité enfin, les matelots et les travailleurs vivants et pensants. Aussi le *Great-Eastern*, pour son compte, n'embarquera-t-il pas plus de 400 de ces derniers. En revanche il aura :

Pour manœuvrer le cabestan et les pompes, lever les ancres, etc., 2 *steam-sailors*, chacun de la force de 30 chevaux ;

Pour alimenter les chaudières, 10 autres, chacun de 10 chevaux ; enfin, pour faire tourner l'hélice, lorsqu'il s'agira de régler les grandes machines, 2 petites machines de 20 chevaux ;

En sorte que le total nominal des forces employées par ce vaisseau, tant pour sa locomotion que pour ses manœuvres, sera de 3,300 chevaux, ce qui représente une force réelle presque double.

Et maintenant, quel sera le chef de cet empire flottant ? Quelle âme forte donnera la vie à ce corps immense, et dirigera sa marche à travers les écueils et les tempêtes ? Nous l'ignorons ; mais on peut affirmer d'avance que l'homme qui remplira avec succès le poste de commandant d'un pareil vaisseau, ne sera pas un homme ordinaire.

Pour ce qui est des moyens matériels employés jusqu'à présent dans le commandement des grands bâtiments, il est clair qu'ils seraient ici tout à fait insuffisants, et que le capitaine, placé au milieu du navire, ne saurait, à l'aide d'aucun porte-voix, se faire entendre à 100 mètres de distance, à l'avant et à l'arrière, au milieu du bruit des machines, des sifflements du vent, et du brouhaha de l'équipage et des passagers. Aussi est-il question d'employer, le jour et dans les circonstances ordinaires, un sémaphore, et la nuit, ainsi que par les temps brumeux, des fanaux colorés. On a proposé aussi, et ce moyen sera sans doute préféré, ou tout au moins adopté concurremment avec les autres, d'établir à bord un télégraphe électrique. Le commandant pourrait ainsi, en tout temps, transmettre avec promptitude et facilité ses instructions à la vigie, au timonier, aux machinistes et aux autres chefs de détail.

La conception et l'exécution du grand navire à vapeur que nous venons de décrire, sont, sans contredit, un des événements industriels de notre époque auxquels on doit reconnaître la plus haute portée, et lorsqu'on songe aux connaissances profondes, aux combinaisons ingénieuses, aux ressources de toute nature qu'il a fallu trouver et mettre en œuvre pour les réaliser, on se demande à quelles limites s'arrêteront désormais le génie et la puissance d'une civilisation qui, sortie depuis quelques siècles à peine des ténèbres de l'ignorance et de la barbarie, accomplit aujourd'hui de semblables prodiges. Remarquons, en effet, que sur la question de la navigation, comme sur tant d'autres, la science et l'industrie sont loin d'avoir dit leur dernier mot. D'un jour à l'autre, quelque découverte nouvelle et imprévue peut décupler, centupler leur force et leur richesse, et il est permis, sans trop de témérité, de prédire comme prochain le jour où l'Océan, complétement dompté, deviendra, entre les peuples qu'il a longtemps séparés, une voie de communication aussi sûre et aussi rapide que la terre ferme.

LES
CHEMINS DE FER

CHAPITRE I

Origine des *chemins à bandes* et des *chemins de fer*. — Premières idées et premiers essais relatifs à l'emploi des machines à vapeur pour les transports par terre. — Le docteur Robison. — Joseph-Nicolas Cugnot. — Essais du *fardier à vapeur* à l'Arsenal de Paris, sous le ministre Choiseul. — Nouvelles expériences ordonnées par l'Institut. — Réflexions à ce sujet. — Note relative à Fulton. — Olivier Evans et son *steam-carriage*. — Incrédulité et défiance des Américains et des Anglais. — Leur audace actuelle, etc.

Beaucoup de personnes croient aujourd'hui que les CHEMINS DE FER ont été imaginés tout exprès pour y faire rouler des convois traînés par des voitures à vapeur, et que l'invention de ce genre de routes est contemporaine de celle de la LOCOMOTIVE. Ces deux idées sont presque inséparables dans notre esprit, et le langage usuel a consacré l'erreur que nous signalons, en même temps que, par un bizarre caprice, il a interverti les rôles et la valeur de l'une et de l'autre invention. On dit, en effet, on écrit et on imprime tous les jours des milliers de fois le mot *chemin de fer* pour représenter, non-seulement la voie garnie de bandes de fer que parcourent les convois traînés par la vapeur, mais aussi ces convois eux-mêmes et l'administration qui les régit, et, par extension, tout ce qui s'y rapporte. La langue est aussi maltraitée par cette habitude, que la vérité historique et l'équité scientifique. Il nous est arrivé cent fois, à tous tant que nous sommes, de dire avec un gros solécisme : Le chemin de fer *part* ou *arrive* à telle heure ; et à la Bourse, on dit : Les chemins de fer ont *monté*, ont *fléchi* ou *baissé*, etc.

Dans plusieurs villes des États-Unis, sur quelques-unes de nos routes, et à Paris même, on a établi, depuis un certain temps, de petits chemins de fer à fleur de terre, que parcourent des omnibus monstres, portant soixante, soixante-dix personnes et plus, que deux chevaux traînent rapidement et sans effort. Cette combinaison, qu'on croit nouvelle et inspirée par l'expérience des autres rail-ways, déroute fort nos habitudes de langage, et l'on a été d'abord obligé de recourir à une longue périphrase descriptive pour distinguer ces petits chemins de fer à omnibus des grands chemins de fer à locomotives et à wagons. Ce n'est que tout récemment qu'on a fini par résoudre la difficulté, en donnant aux premiers le nom de *chemins de fer américains*.

Or ces chemins de fer, dits américains, sont de beaucoup les plus anciens ; et ils étaient en usage sur plusieurs points de l'Angleterre et de la France, longtemps avant qu'on eût songé à construire une locomotive, avant même qu'on eût pensé sérieusement à appliquer la vapeur au transport des voyageurs et des marchandises. Ajoutons cependant que ce moyen si élémentaire de faciliter la traction des voitures par les chevaux est encore une découverte moderne, et qu'avant de placer sur les chemins des tringles de fer savamment ajustées, on y mettait, dans l'enfance de l'art, des pièces de bois. Cela prouve une fois de plus que les inventions en apparence les plus simples ont besoin, pour s'établir dans des conditions sûres de succès et de durée, d'être amenées peu à peu et perfectionnées lentement, à l'aide du raisonnement et de l'expérience. Au moment où nous écrivons, la construction, la pose et l'agencement des rails sont toujours, de la part des ingénieurs, l'objet d'études sérieuses et d'expériences répétées ; divers systèmes sont en présence, et la perfection est loin d'être atteinte. La chose, on le voit, est beaucoup plus compliquée, et beaucoup plus difficile qu'on ne serait tenté de le croire au premier abord.

L'idée première de faire rouler sur des bandes unies et parallèles les roues des voitures et des chariots, ne s'est elle-même réalisée qu'à une époque assez rapprochée de la nôtre, et n'a été inspirée que par le besoin urgent d'économiser autant que possible le temps et la force motrice pour le transport continuel des produits de l'industrie houillière, depuis le lieu d'extraction jusqu'à celui d'embarquement ou de consommation. C'est au commencement du xviii° siècle, dans les districts houilliers de Durham et de Northumberland, qu'on eut recours, dans le principe, à ce moyen ingénieux de diminuer le frottement des roues sans nuire à la solidité du pas des chevaux, et de faire traîner à ceux-ci, avec une vitesse égale, une charge triple de celle qu'ils transportaient auparavant sur une route ordinaire.

Les *rails* ou bandes étaient établis parallèlement sur un terrain bien aplani. C'étaient des longuerines en bois de chêne ou de sapin, ayant environ 60 centimètres de long sur 10 centimètres d'équarrissage, ajustées bout à bout et fixées sur des traverses également en bois, qui les coupaient à angle droit. Les chevaux marchaient dans l'intervalle, tandis que les roues cheminaient sur les poutres où elles étaient maintenues par un rebord ou boudin faisant saillie au côté intérieur de leurs jantes. Ce système fut aussi adopté, quelques années plus tard, en France, pour le service des mines de Saint-Étienne. Il permettait à un seul cheval de traîner, sur les parties horizontales, jusqu'à 10,000 kilogrammes. Mais on conçoit que des routes ainsi construites devaient exiger de fréquentes réparations. Le frottement des roues sur les bandes, et le piétinement des chevaux sur les traverses, à peine protégées par une mince couche de terre, usaient en peu de temps les unes et les autres. Pour remédier, jusqu'à un certain point, à cet inconvénient, on essaya d'abord de doubler la hauteur des rails, en les formant de deux rangées de poutres superposées et chevillées ensemble, ce qui permit de recouvrir les supports d'une couche plus épaisse de sable et de gravier; puis, comme on eut bientôt reconnu l'insuffisance de ce palliatif, on en vint à revêtir les longuerines en bois d'une lame de fer de 6 centimètres de large sur 12 à 13 millimètres d'épaisseur, qu'on y fixa à l'aide de clous et de boulons. On eut alors de véritables *chemins de fer*, que les Anglais continuèrent de désigner sous le nom de *rail-ways*, maintenant passé dans notre langue, et qui signifie littéralement *chemins à barres*. En Belgique, on leur a appliqué la dénomination plus juste de *chemins à coulisses*.

Dans quelques contrées de l'Amérique septentrionale, où le fer est assez rare, et le bois, au contraire, très-abondant, on construit encore des chemins de fer d'après ce système; mais seulement pour desservir les localités entre lesquelles la circulation des voyageurs et des marchandises est relativement peu considérable et peu productive.

Ainsi modifiés, les rail-ways présentaient déjà des avantages tels, que l'usage en devint général dans toutes les contrées de la Grande-Bretagne où l'on se livrait à l'exploitation des mines de houille ou de métal, et qu'ils furent conservés, sans subir de changement notable, pendant une trentaine d'années. Toutefois on ne se dissimulait point que, sous le rapport de la durée et de la solidité, les rails en fer massif seraient de beaucoup préférables à ceux de bois, garnis simplement d'une tringle métallique de peu d'épaisseur; et ce fut seulement par des motifs d'économie qu'on ne réalisa pas tout de suite cette substitution. Elle n'eut lieu qu'en 1738. Les madriers ferrés furent alors remplacés par des rails coulés en fonte. Ces rails formaient une sorte d'ornières artificielles; ils présentaient, du côté extérieur de la voie, une saillie faisant un angle droit avec la partie plane, et qui empêchait les voitures de s'écarter de la ligne, de *dérailler*, comme on dit aujourd'hui : cette saillie rendait inutile le rebord dont on avait muni, dans le principe, les roues elles-mêmes, et celles-ci reprirent leur forme primitive. Les nouvelles voies furent appelées *tram-roads*, c'est-à-dire, *routes à ornières*. Les essais de ce système eurent lieu dans le Shropshire, sous la direction de l'ingénieur William Reynolds, un des propriétaires de la grande fonderie de Colebrook-Dale.

Ils ne réussirent pas complétement d'abord, parce qu'on y employait les anciens chariots, qui étaient de grandes dimensions et portaient des charges énormes. La fonte, comme on sait, est cassante et peu élastique. Dès les premiers voyages, les barres se rompirent en plusieurs endroits. On eut alors recours à un moyen fort simple : on fit des chariots plus petits, qu'on plaça à la file les uns des autres, en les réunissant à l'aide de crochets, et sur lesquels on répartit la charge qu'un seul chariot portait auparavant. On réussit de la sorte à se mettre en garde contre les inconvénients attachés à l'emploi de la fonte ; mais la forme des rails en présentait un autre qu'on ne tarda pas à reconnaître : la poussière et la boue, en s'y accumulant, opposaient au libre mouvement des roues une résistance qui détruisait la plus grande partie des avantages de l'invention. Il fallut encore une fois changer de système, ce qui eut lieu, en 1789, à Loughborough, où l'ingénieur William Jessop établit des rails à bande saillante (*edge-rails*), consistant en de simples barres de fer plus hautes que larges, et possédant, grâce à cette forme, une grande force pour résister à la pression verticale des chariots. Il va sans dire qu'en adoptant ce genre de rails, on dut restituer aux roues le rebord saillant désormais indispensable pour les maintenir dans une direction constante.

Les rails saillants sont les seuls dont on se soit servi depuis cette époque ; leur forme a peu varié ; elle est plus ou moins arrondie au sommet, plus ou moins évidée sur les côtés. Leur mode d'installation a été l'objet de nombreuses expériences ; mais ce n'est pas ici le lieu de nous en occuper. La seule modification importante que nous ayons à signaler, parce que sans elle l'application en grand de la locomotion par la vapeur n'eût pas été possible, c'est la substitution du fer forgé à la fonte, pour la fabrication des rails. Sur des rails en fonte, on n'eût pu faire marcher ni les convois à grande vitesse, ni les lourdes machines, ni les wagons pesamment chargés que nous voyons aujourd'hui circuler avec tant de facilité et de sécurité. Les rails en fer forgé, au contraire, réunissent les inappréciables avantages d'une élasticité et d'une ténacité très-grandes. Lord Carlisle en installa le premier dans ses houillières du Cumberland ; et leur incontestable supériorité les fit promptement adopter dans toute la Grande-Bretagne. Par une heureuse circonstance, ce perfectionnement décisif des voies ferrées précédait de deux années les belles expériences par lesquelles l'ingénieur Blackett démontra les immenses avantages que présentaient les chemins de fer pour l'emploi des locomotives.

Ces machines, au temps dont nous parlons, laissaient encore beaucoup à désirer, bien que l'application de la vapeur à la traction des voitures fût, depuis un certain nombre d'années, l'objet des laborieuses études de plusieurs hommes éminents. Les premières tentatives faites dans ce but eurent lieu vers la fin du siècle dernier. Malgré leur peu de valeur scientifique, nous croyons devoir, pour ne point faillir à notre tâche historique, y jeter un coup d'œil avant d'arriver aux travaux plus sérieux qui, en s'appuyant sur les découvertes de la physique et de la mécanique modernes, amenèrent successivement les merveilleux résultats dont nous recueillons aujourd'hui les bienfaits.

Dès 1759, le docteur Robison, alors simple étudiant à l'université de Glasgow, avait entrevu la possibilité d'employer la machine à vapeur à faire tourner les roues des voitures ; mais, en acquérant la conviction que cette importante application se ferait certainement dans l'avenir, il reconnut aussi sans peine l'impossibilité où l'on était de la réaliser, avec les ressources dont on disposait alors. Un de nos compatriotes, nommé Joseph-Nicolas Cugnot, puisant dans son ignorance une plus grande audace, voulut passer immédiatement de la théorie à la pratique.

Cugnot, né à Void en Lorraine, le 25 septembre 1725, avait pendant sa jeunesse vécu en Allemagne ; puis il avait passé dans les Pays-Bas, et s'était enrôlé sous les ordres du prince Charles. Après avoir composé, sur les *fortifications de campagne*, un ouvrage de quelque valeur, et inventé un modèle de mousquet, qui fut adopté par le maréchal de Saxe pour l'armement des hulans, il se mit à étudier les machines à vapeur, alors très-imparfaites, non dans le but de les perfectionner, mais avec l'idée peu judicieuse de les appliquer, telles qu'elles étaient, au transport du matériel de l'artillerie, dont il était officier, et de construire ce qu'il appelait des *fardiers à vapeur*.

Soit que ses projets eussent trouvé peu d'encouragement auprès du gouvernement des Provinces-Unies, soit qu'il espérât tirer dans sa patrie un meilleur parti de son invention, il rentra en France en 1763, et s'établit à Paris, pour s'y livrer aux démarches et aux travaux par lesquels il se flattait de mener à bonne fin son entreprise. Or, vers le même temps, un officier Suisse, nommé Planta, proposa au ministre Choiseul plusieurs inventions, au nombre desquelles se trouvait précisément une voiture mue par la vapeur. Le ministre, sachant que Cugnot s'occupait de construire une machine semblable, détermina l'officier suisse à aller l'examiner ; et comme Planta la trouva toute pareille à celle qu'il avait projetée, Cugnot fut chargé de terminer aux frais de l'État ce qu'il avait commencé pour son propre compte. En 1769, il présenta au ministre un modèle de voiture à vapeur, qui put être mise à l'épreuve.

Nous trouvons, dans un rapport adressé en 1801 au ministre de la guerre par le commissaire général de l'artillerie, L. N. Rolland, les détails suivants sur cet appareil et sur les résultats qu'on en obtint.

« Mise en expérience en présence du ministre, du général Gribeauval, et de beaucoup d'autres spectateurs, et chargée de quatre personnes, elle (la voiture) marcha horizontalement ; et j'ai vérifié, dit le rapporteur, qu'elle aurait parcouru environ 1,800 ou 2,000 toises *par heure*, si elle n'avait pas éprouvé d'interruption.

« Mais la capacité de la chaudière n'ayant pas été assez justement proportionnée à celle des pompes, elle ne pouvait marcher de suite que pendant la durée de douze à quinze minutes seulement, et il fallait la laisser reposer à peu près la même durée de temps, afin que la vapeur d'eau reprît sa première force ; le four, étant d'ailleurs mal fait, laissait échapper la chaleur ; la chaudière paraissait aussi trop faible pour soutenir, dans tous les cas, l'effort de la vapeur.

« Cette épreuve ayant fait juger que la machine, exécutée en grand, pourrait réussir, l'ingénieur Cugnot eut ordre d'en construire une nouvelle qui fût proportionnée de manière à ce que, chargée d'un poids de huit à dix milliers, son mouvement pût être continu, pour cheminer à raison d'environ 1,800 toises par heure.

« Elle a été construite vers la fin de l'année 1770, et payée à peu près 20,000 livres.

« On attendait les ordres du ministre Choiseul pour en faire l'essai, et pour continuer ou abandonner toutes recherches sur cette nouvelle invention ; mais ce ministre ayant été exilé peu après, la voiture est restée là, et se trouve aujourd'hui dans un couvert de l'Arsenal. »

Il paraît cependant que les essais furent renouvelés plusieurs fois; car on lit dans les *Mémoires secrets pour servir à l'histoire de la république des lettres*, par Bachaumont, les passages suivants :

« 23 octobre 1769. — On a fait, ces jours derniers, l'épreuve d'une machine singulière, qui, adaptée à un chariot, devait lui faire parcourir l'espace de deux lieues en une heure, sans chevaux; mais l'événement n'a pas répondu à ce qu'on promettait : elle n'a avancé que d'un quart de lieue en soixante minutes. Cette expérience s'est faite en présence de M. de Gribeauval, lieutenant général, à l'Arsenal. »

« 1er décembre 1769. — La machine pour faire aller un chariot sans chevaux est de M. de Gribeauval; on en a réitéré dernièrement l'expérience avec plus de succès, mais pas encore avec tout celui qu'il a lieu de s'en promettre. Il est question de la perfectionner. La machine est une machine à feu. »

« 20 novembre 1770. — On a parlé, il y a quelque temps, d'une machine à feu pour le transport des voitures, et surtout de l'artillerie, dont M. de Gribeauval, officier en cette partie, avait fait faire des expériences, qu'on a perfectionnées depuis, au point que, mardi dernier, la même machine a traîné dans l'Arsenal une masse de cinq milliers, servant de socle à un canon de quarante-huit, du même poids à peu près, et a parcouru, en une heure, cinq quarts de lieue. La même machine doit monter sur les hauteurs les plus escarpées, et surmonter tous les obstacles de l'inégalité des terrains ou de leur affaissement. Ces heureuses expériences renouvellent les regrets de ceux qui voudraient qu'on fît usage aussi de la pompe à feu pour l'élévation des eaux, telle qu'elle est exécutée à Londres. »

Il est permis d'affirmer que Bachaumont n'était pas bien

renseigné. Premièrement, il attribuait par erreur à Gribeauval l'invention du chariot à vapeur, qui était bien réellement de Cugnot. En second lieu, n'étant point un savant, il ne pouvait juger de la valeur de la machine dont il parle. Il s'en souciait peu d'ailleurs, et se contentait d'enregistrer ce qu'il avait entendu raconter, sans chercher à savoir si les faits étaient exacts ou seulement possibles, et comment une voiture essayée *dans* l'Arsenal avait pu y parcourir cinq quarts de lieue. Une autre version, plus vraisemblable, nous apprend que la locomotive de Cugnot fut, en effet, expérimentée ; mais qu'une fois lancée, l'inventeur ne sut ni la diriger ni l'arrêter, et qu'elle alla donner contre un mur où elle fit une large brèche. Cette intempérance de mouvements, jointe sans doute à beaucoup d'autres défectuosités graves, fut cause qu'on ne jugea pas à propos de pousser plus loin les expériences.

On peut voir encore aujourd'hui, au Conservatoire des arts et métiers de Paris, une des locomotives de Cugnot. — Est-ce la première ou la seconde, ou ces deux n'en forment-elles qu'une seule qui aura subi quelques changements successifs ? Nous ne saurions le dire. Le fait est que si elle offre de l'intérêt en tant que monument historique, son mérite, sous le rapport de la conception et de l'exécution, est tout à fait nul.

La voiture est portée sur trois roues, dont une seule, placée à l'avant des deux autres, reçoit le mouvement des pistons. Ceux-ci sont en bronze, au nombre de deux, placés verticalement derrière la chaudière, avec laquelle ils communiquent par un tube. La vapeur, introduite par ce tube, était rejetée dans l'air après avoir soulevé les pistons que la pression atmosphérique faisait redescendre. La machine était donc à simple effet. La chaudière, de forme sphéroïde aplatie, était chauffée par un foyer circulaire disposé au-dessous. Lorsque l'eau qu'on y avait mise était épuisée, il fallait arrêter la machine, remplir de nouveau le générateur, et attendre, pour continuer le voyage, que la vapeur eût acquis une température et une tension suffisantes.

Qu'on se figure l'artillerie de campagne traînée par une semblable machine !... Sans doute, les plus mauvais chevaux étaient cent fois préférables, et l'on a lieu de s'étonner que des hommes sérieux, au fait des manœuvres militaires et tant soit peu versés dans la science mécanique, aient pu croire un seul instant au succès d'une telle invention, et se soient donné la peine de la mettre à l'essai.

Mais au moins n'ont-ils pas encouru le reproche qu'on adresse si souvent aux pouvoirs publics et aux corps constitués, de mettre la lumière sous le boisseau, de décourager les inventeurs par leur aveuglement ou leur mauvais vouloir, et de faire ainsi obstacle au progrès des sciences et de l'industrie. A ce titre, le ministre Choiseul et les hommes spéciaux qu'il chargea d'examiner l'œuvre de Cugnot firent preuve d'un esprit libéral qu'on ne saurait blâmer, et le pauvre ingénieur ne put accuser de son insuccès que sa propre incapacité. Reconnaissons, au surplus, que pour réaliser, en 1770, les prodiges qui se sont successivement accomplis depuis, dans l'ordre des applications de la vapeur aux transports par voie de terre, il eût fallu un génie plus qu'humain; mais il fallait peu de bon sens pour s'imaginer qu'on promènerait à son gré sur les routes des chariots ou des pièces de canon en y attelant une machine, telle qu'on savait alors les construire, montée sur trois roues et ne pouvant fonctionner que pendant quinze minutes sur trente. La malencontreuse tentative de Joseph Cugnot a inspiré à M. L. Figuier des réflexions d'une remarquable justesse et d'une haute portée. Nous les recommandons à tous ceux qui se livrent à des recherches sur les sciences appliquées, et qui sont plus ou moins possédés de la manie des inventions : manie utile et quelquefois sublime lorsqu'elle est unie au savoir et au génie, mais féconde en déceptions pour les esprits médiocres.

« Dans l'industrie ou dans les arts, dit M. Figuier, il ne suffit point de se poser en face d'un problème à résoudre : il faut savoir reconnaître, avant de l'aborder, si la science fournit les moyens de triompher des difficultés qu'il présente. Quand l'imperfection des procédés dont l'industrie dispose rend manifestement un projet irréalisable, c'est le signe d'un faux esprit que d'y persévérer. Lorsque Cugnot entreprit ses recherches, la machine à vapeur était depuis soixante ans en usage dans l'industrie. La pensée était venue à beaucoup de mécaniciens d'appliquer un tel moteur à faire marcher les voitures ; mais, après mûr examen, ce projet avait été reconnu impraticable. Quel genre de reconnaissance pourrions-nous donc conserver à celui qui n'eut d'autre mérite que de persister, en dépit de l'évidence, dans une entreprise condamnée avec raison par tous les bons esprits de son époque ? »

Malgré ce premier échec, qui eût dû pourtant le convaincre de son impuissance, Cugnot ne se tint point pour battu. Il revint à la charge en 1798 (an VI de la République), et s'adressa à la classe des Sciences de l'Institut, qui ne dédaigna point de nommer une commission pour examiner de nouveau sa machine, « et les vues qu'il présentait, en même temps, sur le meilleur moyen d'appliquer l'action de la vapeur au transport des fardeaux. » Les commissaires chargés de faire un rapport étaient Coulomb, Perrier, Bonaparte et Prony. Les expériences auxquelles ils se livrèrent eurent le résultat négatif qu'on en pouvait attendre, et durent, cette fois, être bon gré mal gré acceptées comme concluantes par l'inventeur (1).

(1) On voit, par cet exemple, combien sont peu fondées les accusations dont la première compagnie savante de l'Europe et du monde entier a été si souvent l'objet, et qu'on lui a notamment adressées à propos de l'aveuglement dont elle aurait fait preuve à l'égard de Fulton. Est-il raisonnablement permis d'admettre qu'après avoir accordé son attention à une machine comme celle de Cugnot, elle l'eût refusée au pyroscaphe qui avait été publi-

Joseph Cugnot mourut à Paris, le 2 octobre 1804.

Une tentative qui ne saurait être mise au même rang que la sienne, bien qu'elle n'ait pas eu plus de succès, fut faite en Amérique, une quinzaine d'années après que s'étaient exécutés, à l'Arsenal de Paris, les premiers essais du *fardier* à vapeur.

L'habile ingénieur Olivier Evans, à qui l'on doit, comme

quement essayé sur la Seine, avec succès, en présence de plusieurs académiciens et d'une population entière? Et n'est-il pas encore plus absurde de soutenir qu'ayant été mise en demeure de se prononcer, comme on l'a dit, par une prétendue lettre autographe de Napoléon, elle aurait refusé de le faire, et aurait traité *à priori* d'*idée folle*, d'*erreur grossière*, d'*absurdité*, ce que Napoléon, dans cette lettre, aurait appelé « *une vérité physique, palpable, une grande vérité, pouvant changer la face du monde?...* »

Cette lettre a été citée, pour la première fois, par un éminent fonctionnaire, dont on eût été en droit d'attendre plus de discernement; elle a été reproduite depuis par plusieurs journaux, enchantés d'offrir une curiosité à leurs lecteurs, et fort peu inquiets de savoir si le document en question avait ou non le sens commun. En voici le texte :

« Monsieur de Champagny, fait-on dire à Napoléon, je viens de lire le projet du citoyen Fulton, que vous m'avez adressé beaucoup trop tard, EN CE QU'IL PEUT *changer la face du monde. Quoi qu'il en soit,* je désire que vous en confiez immédiatement l'examen à une commission *composée de membres choisis par vous* DANS LES DIFFÉRENTES CLASSES *de l'Institut*. C'est là que l'Europe savante irait chercher des juges pour résoudre la question dont il s'agit. Une grande vérité, une vérité physique, palpable, est devant mes yeux. *Ce sera à ces messieurs* DE LA VOIR ET DE TACHER DE LA SAISIR. Aussitôt le rapport fait, il vous sera transmis, et vous me l'enverrez. *Tâchez que tout cela ne soit pas* L'AFFAIRE DE PLUS DE HUIT JOURS; *car je suis impatient*. Et sur ce, monsieur de Champagny, je prie Dieu de vous avoir en sa digne garde.

« De mon camp de Boulogne, 21 juillet 1804.

« NAPOLÉON. »

Il faut n'avoir jamais lu quatre lignes *authentiques* de Napoléon Ier pour lui attribuer une semblable épître, d'un style filandreux, pleine de fautes de français et de contre-sens administratifs. C'est évidemment une pièce apocryphe, fabriquée nous ne savons par qui, pour amuser le public, en donnant, *ex abrupto*, un démenti à l'histoire. Mais l'histoire ne saurait nous l'avons vu dans la première partie de ce livre, l'invention des machines à haute pression et sans condenseur, conçut, en 1786, le projet d'appliquer ces machines à la locomotion terrestre, et adressa au congrès de l'État de Pensylvanie une demande tendant à obtenir le privilége de construire des voitures mues par la vapeur. Les honorables législateurs ne surent trop si Evans avait l'intention de se moquer d'eux, ou si ses

été longtemps altérée par de si grossiers artifices. Il demeure établi que Napoléon, qui du reste n'aimait pas les nouveautés, et qui n'avait guère à se louer des expériences faites antérieurement, aux frais de l'État, sur une première invention de Fulton, ne voulut point se donner la peine d'examiner la seconde; que l'Institut ne se prononça point sur la question de la navigation par la vapeur, parce qu'il ne fut pas mis en demeure de le faire; que, d'autre part, Fulton, assuré de réussir dans son pays, où sa demande de privilége avait été favorablement accueillie, se souciait assez peu de l'assistance du gouvernement français, et n'insista nullement pour l'obtenir. C'eût été, sans doute, pour Napoléon un beau titre de gloire que d'attacher son nom à l'établissement en France de la navigation par la vapeur; mais il n'est si grand génie qui ne puisse faillir. Au surplus, Napoléon ne pouvait pas tout voir par ses propres yeux, et il était obligé, pour les questions spéciales, de s'en rapporter à ses ministres. Or Fulton lui-même a déclaré à M. André Michaux, qui l'accompagna dans son premier voyage d'Albany à New-York, qu'*il attribuait surtout au ministre de la marine Decrès les fins de non-recevoir par lesquelles on avait répondu à ses offres.* En revanche, il se louait beaucoup de ses rapports avec Carnot, qui était de l'Institut.

Quant à M. de Champagny, il était ministre de l'intérieur. L'affaire ne le concernait à aucun titre, et son nom seul, placé en tête de la lettre citée plus haut, suffirait à en démontrer la fausseté.

Nos lecteurs voudront bien nous pardonner cette longue digression rétrospective sur un point que nous avions déjà traité, avec quelque étendue, dans la partie de ce travail consacrée à l'histoire des bateaux à vapeur. Il nous a semblé que la question valait la peine d'être vidée, et qu'il était bon de répondre, une fois pour toutes, aux niaises calomnies lancées contre les académies en général, et contre l'Institut de France en particulier, par des gens qui, étant assurés, pour bonnes raisons, de ne faire jamais partie d'aucune compagnie savante, seraient bien aises de faire croire que ces compagnies sont des assemblées d'ignorants, jaloux de tout mérite, ennemis de toute lumière et de tout progrès.

facultés intellectuelles étaient dérangées. Dans ce doute, ils s'abstinrent de lui répondre.

Dix années après, le célèbre ingénieur, ayant mûri son projet, le soumit à une autre assemblée, à la chambre législative du Maryland, qui, non moins sceptique que celle de Pensylvanie, accorda cependant le privilége, comme on passe à un enfant une fantaisie bizarre, mais inoffensive, et par la seule raison que « cela ne pouvait nuire à personne. »

Evans accepta la concession, malgré les considérants médiocrement flatteurs par lesquels elle était motivée, et se mit en devoir de monter son entreprise. Malheureusement les capitalistes *yankees* partageaient les préventions de leurs députés; ils allaient même plus loin, et trouvaient que le projet d'Evans pourrait leur devenir très-nuisible s'ils se hasardaient à lui avancer de l'argent pour le réaliser, attendu que cet argent, selon eux, serait infailliblement perdu. Ils demeurèrent donc sourds aux sollicitations du malheureux ingénieur. Celui-ci adressa les dessins de son *steam-carriage* à des amis qu'il avait à Londres, espérant que ceux-ci trouveraient en Angleterre quelques capitalistes qui consentiraient à l'aider de leurs fonds, à la condition de partager avec lui les bénéfices futurs de l'exploitation. On lui répondit, au bout de quelque temps, que son projet était partout considéré comme une chimère. Il se résolut alors à tenter la fortune avec ses seules ressources, et commença de construire sa machine. Ce trait de témérité, qui aux yeux de tous était un trait de folie, fit grande sensation à Philadelphie. La curiosité publique était vivement piquée, et c'était chaque jour, dans les ateliers du constructeur, une procession de curieux qui, sous prétexte de s'éclairer, de voir de leurs yeux la nouvelle merveille, n'y venaient, en réalité, que pour la critiquer et la tourner en ridicule.

L'avenir de la fameuse machine roulante donna lieu, au sein de la *Société philosophique* de Philadelphie, à de longues dissertations. Un ingénieur, qui jouissait d'une certaine réputation, composa un mémoire dans lequel il essayait de démontrer, non-seulement que le *steam-carriage* d'Olivier Evans ne réussirait point, mais qu'en thèse générale il était impossible que des voitures fussent jamais mises en mouvement par une machine à vapeur. La Société, hâtons-nous de le dire, eut le bon sens de rejeter toute solidarité avec les opinions par trop absolues de cet ingénieur, et déclara « qu'on ne pouvait déterminer les limites du possible. »

La voiture à vapeur d'Evans fut terminée vers la fin de l'année 1800, et se promena, sans trop de mauvaise grâce, dans les rues de Philadelphie, au grand ébahissement de la population. Evans espérait que l'évidence du fait triompherait des craintes des uns, des préjugés ou de la mauvaise volonté des autres. Il se trompait : après l'événement, pas plus qu'avant, les bourses ne s'ouvrirent. Il multiplia vainement les démonstrations et les expériences ; il s'efforça vainement de faire ressortir tous les avantages que le commerce, l'industrie, la spéculation retireraient de l'établissement d'un service régulier de transports par terre, à l'aide de la vapeur : pas un dollar ne lui fut offert. Après avoir employé plusieurs années et dépensé ses dernières épargnes pour mener à fin son audacieuse tentative, il fut finalement obligé d'y renoncer, et ne songea plus qu'à réparer, par l'exercice assidu de son ancienne profession de constructeur de machines fixes, les pertes énormes que lui avait occasionnées sa lutte inégale contre le mauvais vouloir de ses concitoyens.

On voit que les capitalistes américains et anglais n'avaient pas alors, en fait d'entreprises industrielles, l'audace qu'ils ont montrée depuis en mainte circonstance. Il n'est pas actuellement d'invention, si extravagante qu'elle soit, qui ne trouve dans la Grande-Bretagne, et plus encore aux États-Unis, des gens disposés à risquer au moins quelques milliers de dollars pour en faire l'essai. Mais alors on était plus timide ; les grandes fortunes étaient plus rares, les traditions et les idées reçues avaient plus d'empire ; le besoin d'agir et de créer n'était point arrivé à ce degré d'intensité fiévreuse qu'il a atteint de nos jours, où l'on est habitué à ne plus s'étonner de rien, à ne plus connaître d'obstacles, à ne plus s'effrayer d'aucune difficulté. Les Américains ont à cet égard abjuré tout préjugé, on peut dire même, toute prudence. *Never mind, go ahead :* Qu'importe ! allez toujours ! Telles sont leurs maximes favorites ; quelque fou viendrait leur proposer un moyen d'aller vendre du coton aux habitants de la lune, ou d'*annexer* une planète quelconque à l'Union, qu'il serait écouté sérieusement, et qu'on se dirait : Pourquoi pas ?

Quoi qu'il en soit, il serait difficile de dire si, en refusant leur concours à Olivier Evans, les spéculateurs de l'un et de l'autre pays firent preuve de sagesse ou commirent une faute. Nous inclinerions volontiers pour la seconde opinion. Non que le *steam-carriage* qu'on vit, en 1800, rouler dans les rues de Philadelphie, réalisât à beaucoup près les conditions de vitesse, de commodité, de puissance, auxquelles la locomotive moderne doit son incomparable supériorité sur tout autre moyen de transport ; mais on peut dire qu'elle était à celle-ci ce que la chrysalide est au papillon, et, entre les mains d'un génie aussi lumineux et aussi fécond que celui d'Olivier Evans, la métamorphose, il y a tout lieu de le croire, n'eût pas tardé à s'accomplir, comme elle s'accomplit quelques années plus tard, grâce aux travaux de deux hommes, dont tout le mérite est, en définitive, d'avoir apporté quelques modifications secondaires à ce même *steam-carriage* qui leur avait servi de modèle.

La machine dont se servait le mécanicien américain, était une machine à haute pression ; sa chaudière était cylindrique ; elle avait, il est vrai, comme celle de Cugnot, l'inconvénient grave de ne pouvoir être alimentée au fur et à mesure de la déperdition d'eau ; mais, comme la vapeur y était employée à une tension beaucoup plus forte, cette déperdition était d'autant plus lente ; l'action était aussi d'autant plus énergique, et la vitesse d'autant plus grande. La pratique aurait d'ailleurs fait ressortir en peu de temps les défectuosités les plus fâcheuses de ce système encore grossier, et suggéré les moyens de les corriger. Les chemins à rails existaient alors dans plusieurs contrées de l'Union, et l'on eût sans doute été amené, par la force des choses, à les consacrer au service des voitures à vapeur. En un mot, il se serait passé en Amérique, à la fin du xviiie siècle, ce qui se passa en Angleterre au commencement du xixe, et l'industrie eût été quinze à vingt ans plus tôt en possession du précieux moteur qui devait exercer une si profonde influence sur le commerce et sur la civilisation. Mais à chacun sa part de gloire et de richesses. Olivier Evans venait de doter son pays des machines fixes à haute pression, qui recevaient et reçoivent encore, dans la construction des moulins à farine, une si heureuse et si productive application. Bientôt après, Fulton allait lancer ses pyroscaphes sur les grands fleuves des États-Unis. Il était juste que l'Angleterre eût de nouveau son tour, et que l'honneur de réaliser la première application vraiment industrielle des machines locomotives ne fût pas refusé aux compatriotes de James Watt.

CHAPITRE II

Les voitures à vapeur en Angleterre. — Tentatives des mécaniciens Trevithick et Vivian pour faire marcher ces voitures sur les routes ordinaires. — Obstacles qu'ils rencontrent. — Ils se rejettent sur les chemins à rails. — Nouvel obstacle, mais imaginaire. — Essais pour en triompher. — Expériences de M. Blackett, qui démontrent que cet obstacle n'existe pas. — *Locomotives* de G. Stephenson. — Création du chemin de fer de Saint-Étienne à Lyon. — M. Seguin aîné. — Chaudières tubulaires. — Mauvais état et insuffisance des voies de communication dans la Grande-Bretagne, à la fin du xviiie siècle et au commencement du xixe. — Création de canaux. — Monopole et exactions des compagnies. — Création du chemin de fer de Liverpool à Manchester. — Concours de 1829. — Prix adjugé à Robert Stephenson.

Nous avons vu que, mal accueilli de ses compatriotes, Olivier Evans avait fait parvenir en Angleterre les plans de sa voiture à vapeur, dans l'espoir qu'ils y seraient mieux compris. Ces plans tombèrent entre les mains de deux mécaniciens du Cornouailles, nommés Trevithick et Vivian, qui, frappés du caractère ingénieux des dispositions fondamentales de cet appareil, se mirent en devoir de l'exécuter et d'en faire l'essai. Ils construisirent, en effet, une machine qui, sauf quelques perfectionnements et simplifications, ressemblait exactement à celle du constructeur de Philadelphie. Satisfaits de leur œuvre et des résultats de leurs premières expériences, ils demandèrent et obtinrent un brevet pour l'exploitation de voitures à vapeur destinées à marcher sur les routes ordinaires.

Le chariot-spécimen qui était sorti d'abord de leurs ateliers, présentait à peu près la forme d'une de nos anciennes diligences. Un large et solide châssis de fer, fixé à l'essieu des grandes roues postérieures, supportait une chaudière et un cylindre unique. Ce cylindre était placé horizontalement, et dans le sens de la longueur. La tige du piston transmettait le mouvement aux roues au moyen d'une bielle et de deux engrenages. Les roues de devant avaient la forme ordinaire ; leur essieu était supporté par un pivot, qu'on manœuvrait à l'aide d'une poignée ou barre de gouvernail, pour diriger la marche et suivre les inflexions de la route. En outre, le mécanicien pouvait à son gré arrêter l'engrenage de l'une des roues motrices, de manière à laisser l'autre agir seule, ce qui donnait la facilité de faire, au besoin, tourner la machine sur une courbe d'un très-petit rayon. Un frein disposé contre le volant de l'appareil moteur, servait à modérer sa vitesse sur les descentes trop rapides.

Cette machine avait, comme celle d'Olivier Evans, deux grands défauts dont ne furent pas exemptes celles qui la suivirent, parce qu'on ne pouvait trouver du premier coup le moyen de les éviter. Et d'abord, pas plus que le *fardier* de Cugnot et le *steam-carriage* d'Evans, elle n'était pourvue d'une pompe alimentaire ; en sorte qu'après avoir marché un certain temps, elle s'arrêtait d'elle-même, et ne pouvait recommencer à fonctionner que lorsqu'on avait emmagasiné de nouveau une certaine quantité de vapeur. En second lieu, le système alors en usage pour chauffer les chaudières, ne permettait d'obtenir à la fois qu'une faible quantité de vapeur, et par suite une force et une vitesse très-médiocres. Le foyer, en effet, consistait alors en un tube qui traversait longitudinalement la chaudière, et dans lequel on introduisait le combustible par une porte disposée en arrière, tandis qu'une cheminée, qui le terminait en avant, activait le tirage et donnait issue aux produits de la combustion.

Mais les inconvénients qui frappèrent alors le plus vivement les hommes spéciaux, et qui ne tardèrent pas à rebuter les inventeurs eux-mêmes, furent ceux qui depuis ont été reconnus inhérents à l'emploi des voitures à vapeur sur les routes ordinaires. Ces inconvénients résident dans le frottement excessif des roues; dans la résistance qu'opposent à leur progression les aspérités et les inégalités du terrain; dans les cahots et les soubresauts fréquents qui en résultent, et qui compromettent à chaque instant le jeu et la conservation de la machine; dans la difficulté extrême de contenir et de régler la marche d'une masse si considérable, alors surtout qu'elle est animée d'une certaine vitesse; enfin, dans les nombreux accidents auxquels donneraient infailliblement lieu les allées et venues de semblables voitures sur des chemins fréquentés par des voitures ordinaires, par des cavaliers et par des piétons.

L'énergie du frottement des roues sur le sol, et, par conséquent, de la résistance que celui-ci oppose à leur progression, est évidemment en raison du poids de la locomotive et des chariots ou wagons qu'elle traîne à sa suite. Or, une locomotive est toujours très-lourde, puisqu'elle ne pèse pas moins de 6,000 kilogrammes, et, pour rendre des services réels, il faut qu'elle puisse faire marcher un certain nombre de voitures chargées de voyageurs ou de marchandises. Le convoi entier représente donc nécessairement une masse énorme, quelque chose comme 20 à 30,000 kilogrammes. Eh bien, qu'on s'imagine seulement une douzaine de ces convois, et ce ne serait guère, voyageant chaque jour sur une route pavée ou empierrée, si bien construite qu'on la suppose, et l'on concevra que cette route serait défoncée et rendue impraticable en très-peu de temps. Mais en admettant même qu'elle pût résister, on n'échapperait pas aux autres inconvénients que nous avons signalés, et au nombre desquels il faut placer la lenteur de la marche des convois, et la quantité notable de force motrice dépensée en pure perte pour vaincre une résistance qui, d'après les calculs les plus modérés, doit être évaluée, sur une route parfaitement horizontale et très-unie, aux 4 centièmes du poids à transporter, et aux 7 centièmes sur une rampe de 3 centimètres seulement.

Après de longs et laborieux essais, Trevithick et Vivian furent obligés de reconnaître que des obstacles de cette nature étaient impossibles à vaincre, et que l'emploi des voitures à vapeur sur les grandes routes était tout à fait irréalisable. Qu'on juge de leur désappointement, de leur désespoir ! Fallait-il donc se résigner à perdre sans retour, et sans compensation aucune, le fruit de tant de travaux ! Dans cette extrémité, ils songèrent aux chemins à bandes de fer qui étaient alors en usage pour le charroi de la houille et des minerais. Ils se dirent que, là du moins, la résistance à vaincre par le frottement serait nulle ; qu'on éviterait à la fois la détérioration du chemin et celle de la machine ; qu'on ne gênerait point la circulation publique, et que les propriétaires de mines pourraient réaliser, par ce mode de transport, des économies et des avantages de quelque importance. Quelques expériences les ayant convaincus que leurs conjectures étaient fondées, et un certain nombre de propriétaires de mines ayant favorablement accueilli leurs propositions, Trevithick et Vivian prirent un nouveau brevet qui leur assurait le privilége de l'emploi des voitures à vapeur sur les *rail-ways*.

Remarquons qu'à leurs yeux ce n'était là qu'un pis-aller dont ils se contentaient faute de mieux, une sorte de planche de salut à laquelle ils s'accrochaient, dans l'espoir d'atténuer leur désastre, mais non de le réparer. Ils étaient loin de se douter qu'on dût jamais construire des chemins de fer ailleurs que dans l'enceinte étroite affectée à l'exploitation des mines ; et, ce qui est plus bizarre, ils ne croyaient pas que, sur ces chemins mêmes, dont l'usage leur paraissait si limité, et dont ils n'entrevoyaient point le brillant avenir, les voitures à vapeur fussent appelées à produire des résultats bien remarquables, et pussent marcher autrement qu'à très-petite vitesse.

Cette opinion était fondée sur une erreur, universellement répandue parmi les mécaniciens et les ingénieurs de cette époque, à savoir, que des roues à surface polie n'avaient point de *prise* suffisante sur la surface également polie des rails de fer, et qu'en conséquence, lorsque leur rotation serait très-rapide, elles tourneraient sur place, faute de pouvoir *mordre* contre la bande métallique. Ainsi, par une étrange inconséquence, après avoir reconnu que leur voiture marchait trop lentement et trop péniblement sur les routes ordinaires, parce que celles-ci présentaient trop d'aspérités, Trevithick et Vivian étaient convaincus qu'en transportant cette voiture sur les rails, ils tombaient à peu près de Charybde en Scylla, et que le défaut d'adhérence et le glissement des roues opposeraient à leur progression, sur les chemins de fer, un obstacle qui, pour être d'une nature opposée, n'en était pas moins fâcheux. Aussi se mirent-ils l'esprit à la torture pour vaincre, ou du moins pour amoindrir cet obstacle imaginaire. « Entre deux surfaces planes, disaient-ils, l'adhérence est trop faible ; les voitures sont exposées à glisser, et la force d'impulsion est perdue. » Et, en vertu de ce principe, ils prescrivaient, dans leur brevet, de rendre aussi inégale et aussi raboteuse que possible la jante des roues ; ils voulaient qu'elle fût hérissée d'aspérités, et même que, pour gravir les pentes, on armât le rebord intérieur de la roue d'une sorte de crochets ou de griffes ayant prise sur le sol.

D'autres mécaniciens renchérirent encore sur ces singuliers moyens d'accélérer la marche des convois, en régénérant, sous prétexte de faire *mordre* les roues et de leur donner *prise*, des résistances au moins égales à celles que l'invention des *railways* avait eu pour but et pour effet de faire disparaître.

En 1811, un M. Blenkinsop, directeur du chemin de fer de Middleton à Leeds, construisit des machines locomotives dont les roues n'avaient pas d'autres fonctions que de supporter l'appareil. Un des rails portait latéralement une crémaillère sur laquelle engrenaient les dents d'une roue que faisaient tourner deux pignons, dont chacun était armé d'une manivelle et mis en mouvement par une bielle, attachée au piston d'un cylindre placé sur la chaudière. Cette machine offrait, du reste, quelques combinaisons ingénieuses, dont on a tiré parti depuis avec avantage.

En 1812, William et Edward Chapman imaginèrent de placer au milieu de la voie, de distance en distance, des machines fixes pour remorquer les chariots à l'aide d'une corde attachée au premier, et s'enroulant sur un tambour. Lorsque le convoi était arrivé à la première de ces stations, on détachait la corde, on la remplaçait par celle qui tenait à la seconde machine, et ainsi de suite, jusqu'à ce qu'on fût parvenu au terme du voyage. Ce système fut mis en pratique pendant quelque temps sur le chemin de fer de Heaton, près de Newcastle. Celui de Blenkinsop fut employé pendant près de douze années. Une autre invention encore plus excentrique, mais qui vécut peu, fut celle que mit au jour, en 1813, un ingénieur fort distingué d'ailleurs, M. Brunton. Il remplaça la locomotive à roues par une manière de *cheval à vapeur* qui ne roulait pas, mais marchait bel et bien avec des jambes de fer, entre les deux rails, et qui traînait ainsi, avec une médiocre vitesse et force secousses, les wagons auxquels on l'attelait. Cette sorte d'automate éprouva, dès les premiers trajets, des dérangements qui l'empêchèrent de continuer ses exercices.

Les ingénieurs anglais eussent sans doute continué longtemps de se livrer à des essais du même genre, si un d'entre eux ne les eût enfin ramenés dans la voie du bon sens, en constatant, par quelques expériences fort simples, exécutées sur le chemin de fer de Wylam, que le frottement et l'adhérence des roues exemptes d'aspérités, sur les rails polis, fournit aux premières un point d'appui convenable, et que le poids de la locomotive est toujours plus que suffisant pour empêcher la rotation sur place, et rendre non-seulement possible, mais facile, la traction des plus lourds convois.

Ces données nouvelles furent le point de départ d'une véritable et salutaire révolution dans la théorie et dans la pratique de la locomotion par la vapeur; elles sont devenues la base du système qui est aujourd'hui en vigueur.

Dès l'année 1814, une première locomotive rationnelle était construite dans les ateliers de George Stephenson, et lancée sur le rail-way de Killingworth. L'année suivante, Stephenson, de concert avec son associé M. Dodd, perfectionna ce premier modèle en y adaptant quelques-unes des dispositions de la machine de Blenkinsop, en le munissant d'une pompe alimentaire pour renouveler l'eau de la chaudière au fur et à mesure de son épuisement, et en y joignant un *tender*, ou chariot d'approvisionnement, chargé du charbon et de l'eau destinés à être consommés pendant le voyage.

La chaudière, qui était cylindrique, avait 2 mètres 44 centimètres de long sur 1 mètre 86 centimètres de diamètre. Elle était revêtue d'une chemise de planches minces, qui diminuait la déperdition de calorique, et traversée par un tube intérieur de 51 centimètres de diamètre, contenant le foyer. Les cylindres avaient 20 centimètres de diamètre, et 61 centimètres de course. Ils étaient placés verticalement, et pénétraient en partie dans la chaudière. Leurs tiges, liées à des traverses ou pièces transversales, étaient guidées dans leur course par des directrices, fixées, d'une part, à la partie supérieure du cylindre, et maintenues, de l'autre, par des pièces horizontales. Les bielles, attachées à l'extrémité des traverses, étaient liées, au moyen de tourillons, à l'un des rayons des roues de la machine; ces rayons faisaient ainsi manivelle; ils étaient renforcés par une pièce de fer circulaire qui les réunissait aux rayons voisins.

Le mouvement des pistons était alternatif, comme dans la machine de Cugnot; mais les deux manivelles étant calées sur le même axe, ou plutôt sur deux roues tournant avec cet axe, l'un des pistons était au milieu de sa course lorsque l'autre était à l'extrémité, ce qui assurait la mise en marche et la continuité du mouvement dans les voyages à petite vitesse.

La machine était suspendue sur les essieux au moyen de cylindres renfermant chacun un piston solidaire avec la boîte à graisse, et pressé, sur la face supérieure, par l'eau de la chaudière; cette disposition avait pour effet d'amortir les chocs, et de faire jouer à la vapeur le rôle de ressort élastique. Les essieux étaient réunis ensemble par une bielle d'accouplement extérieure. Une pompe foulante, liée à l'une des traverses qui commandaient les bielles motrices, renouvelait l'eau de la chaudière, en la puisant dans une caisse placée sur le chariot d'approvisionnement. Les roues, avec moyeux et rais en fonte, étaient cerclées en fer.

Cette machine fut la première qui reçut le nom de *locomotive*. Elle pesait, avec son tender, environ 10 tonnes, et remorquait un train de 30 tonnes, y compris le poids des wagons, avec une vitesse *maximum* de 10 kilomètres à l'heure.

A part sa faiblesse, qui tenait, comme nous l'avons dit, à la disposition du foyer et de la chaudière, et qui ne lui donnait, sous le rapport de la vitesse, aucun avantage sur les voitures traînées par des chevaux, la machine de G. Stephenson réalisait déjà un degré de perfection très-remarquable; elle rendait à l'industrie, pour le transport économique des marchandises, des services d'une certaine valeur, et l'on pouvait dès lors affirmer qu'avec l'aide du temps et de la science, elle amènerait, dans le système des voies de communication, des changements d'une incalculable portée.

Plusieurs machines semblables furent construites dans le cours des années 1815 et 1816, et lancées sur le chemin de fer de Darlington à Stockton; leur usage devint bientôt général dans tous les districts houillers de la Grande-Bretagne, et enfin on songea à les employer aussi sur le continent.

L'initiative fut prise, en France, par la compagnie des mines de houille de Saint-Étienne et de Rive-de-Gier, qui demanda et obtint, en 1826, l'autorisation d'établir un chemin de fer pour faciliter le transport de ses produits jusqu'à Lyon. La direction de ce chemin de fer fut confiée à M. Seguin aîné, habile ingénieur, auquel était réservée la gloire de donner aux machines *tardigrades* de Stephenson la puissance et la vélocité qui ont assuré leur triomphe.

Mais alors l'art de construire ce genre de véhicules était entièrement inconnu parmi nous, et la compagnie des mines de Saint-Étienne dut en faire venir de Manchester deux spécimens, qui furent fournis par George Stephenson, et dont l'un fut laissé comme objet d'études à M. Hallette d'Arras, tandis que l'autre fut amené à Lyon pour y servir de modèle aux locomotives que la compagnie voulait faire construire.

L'examen de cette machine et les essais qu'on en fit furent loin de satisfaire l'ingénieur français. La plus grande vitesse qu'on put obtenir fut de 6 kilomètres à l'heure. Cette vitesse, bien insuffisante, pouvait être augmentée de beaucoup, et M. Seguin reconnut sans peine qu'elle croîtrait avec la quantité de calorique qu'on parviendrait à faire absorber, dans un temps donné, à la masse d'eau contenue dans la chaudière, ou, en d'autres termes, avec la quantité de vapeur produite dans le même temps. Le problème consistait donc à accélérer le chauffage, en le faisant agir sur une plus grande étendue à la fois, c'est-à-dire en augmentant, autant que possible, la *surface de chauffe*, sans pourtant exagérer les dimensions de la machine.

Ce difficile problème, M. Seguin le résolut de la manière la plus satisfaisante, par son invention si admirable et si simple de la *chaudière tubulaire*.

Au lieu de placer le foyer dans une cavité cylindrique traversant le générateur selon son axe, il le plaça en arrière, dans une chambre carrée, désignée maintenant sous le nom de *boîte à feu*. Du fond de cette chambre partaient un grand nombre de tubes d'un petit diamètre, qui traversaient la chaudière dans toute sa longueur, et allaient déboucher, de l'autre côté, dans une autre chambre placée en avant, et communiquant avec la cheminée. Cette seconde chambre est ce qu'on nomme la *boîte à fumée*. Les produits gazeux de la combustion, en passant par ces tubes, échauffaient et vaporisaient rapidement l'eau qui remplissait leurs interstices, et l'on obtenait ainsi, dans un temps très-court, une énorme quantité de vapeur.

Cette heureuse disposition présentait toutefois un inconvénient : celui de diminuer le tirage, au point de le rendre presque nul. M. Seguin dut s'occuper de corriger sur-le-champ ce vice, qui eût réduit à néant tout son système. Il ne pouvait songer à accroître la hauteur de la cheminée, qui, en dépassant une certaine limite, eût compromis l'équilibre de la machine, et obligé les ingénieurs à hausser outre mesure les voûtes et les ponts sous lesquels doivent passer les convois. Pressé de résoudre cette nouvelle difficulté, M. Seguin y réussit, mais non pas aussi heureusement qu'il avait fait lorsqu'il s'était agi d'augmenter presque indéfiniment les surfaces de chauffe du générateur. Il eut recours à un ventilateur à force centrifuge, mis en mouvement par la machine elle-même, et qu'il plaça d'abord sous le foyer, puis dans la cheminée. Ce procédé introduisait une complication fâcheuse dans le mécanisme, et contraignait à distraire, pour faire jouer le ventilateur, une partie de la force engendrée par la vapeur.

Néanmoins M. Seguin, en le combinant avec son système tubulaire, parvint à produire jusqu'à 1,200 kilogrammes de vapeur par heure, avec une chaudière de 3 mètres de longueur sur 80 centimètres de hauteur, renfermant 43 tuyaux de 4 centimètres de diamètre.

Ce fut en 1829 qu'ayant terminé cet ensemble de travaux, M. Seguin obtint un brevet pour la construction des machines locomotives à chaudières tubulaires et à ventilateur (1). La même année vit s'accomplir en Angleterre un événement mémorable, qui, en démontrant la supériorité de ses idées, inaugura, pour l'emploi de la vapeur comme force locomotive, une ère nouvelle de progrès et de développements inattendus.

On se ferait difficilement, aujourd'hui, une idée de ce qu'étaient la difficulté, la lenteur et la cherté excessives des transports dans le Royaume-Uni, à la fin du siècle dernier et durant les premières années de celui-ci. Les voitures publiques mettaient douze et quinze jours à franchir la distance qui

---

(1) On a voulu contester à M. Seguin aîné la découverte des chaudières tubulaires, et l'on a prétendu que ce genre de chaudières avait été proposé et même exécuté longtemps avant que lui-même y songeât, notamment par l'ingénieur anglais Perkins et par notre compatriote Charles Dallery. Il faut s'entendre. Il y a deux sortes de chaudières tubulaires, fort différentes l'une de l'autre. Dans l'une, c'est l'eau qui remplit les tubes autour desquels circulent les flammes du foyer (c'est ainsi que la voulaient Perkins et Dallery); dans l'autre, au contraire, qui est bien de l'invention de M. Seguin, les tubes traversent la chaudière remplie d'eau, et livrent passage au feu et à l'air chaud. L'emploi du premier système n'a jamais pu donner plus de 300 kilogrammes de vapeur en une heure, tandis que le second en a fourni 1,200 et plus. On voit donc que M. Seguin a fait justement l'inverse de ce qu'on avait fait ou voulu faire avant lui. — Cela est fort simple, dira-t-on. — Sans doute; mais encore fallait-il le trouver. L'histoire des sciences et de l'industrie est là, d'ailleurs, pour prouver que les idées les plus simples sont toujours celles dont on s'avise le plus tard, et que les grandes et vastes intelligences sont seules capables de les concevoir, tandis que les esprits médiocres manquent rarement de s'égarer et de se perdre dans un dédale de combinaisons vicieuses ou superflues.

sépare la capitale de l'Angleterre de celle de l'Écosse. Il fallait trente-six heures pour aller de cette dernière à Glasgow, qui n'en est distant que de seize lieues. Entre Liverpool et Manchester, qui sont peut-être, après Londres, les deux cités les plus importantes de la Grande-Bretagne sous le rapport industriel, la route était à peu près impraticable. Les services réguliers pour le transport des voyageurs étaient d'une rareté et d'une mesquinerie qui les rendaient véritablement dérisoires. Quant au roulage, sa lenteur était excessive et ses tarifs exorbitants. Il en coûtait deux livres sterling pour faire transporter une tonne (6,000 kilogrammes) de marchandises de Liverpool à Manchester, ou réciproquement, c'est-à-dire pour un parcours de dix-huit milles.

Un homme riche et libéral, le duc de Bridgewater, qui possédait une importante exploitation de houilles entre ces deux villes, crut remédier à ce triste état de choses, et rendre un grand service au commerce de son pays, en reliant ces deux centres importants par une voie nouvelle. Il fit creuser le canal qui porte encore son nom. L'événement parut d'abord confirmer ses espérances. Comme cette œuvre philanthropique avait été en même temps pour lui une excellente spéculation et avait considérablement grossi sa fortune, plusieurs autres propriétaires de mines se réunirent pour exécuter et exploiter de nouveaux canaux. En quelques années la Grande-Bretagne se trouva sillonnée par un grand nombre de canaux, qui offraient à la circulation des marchandises un réseau de voies commodes et sûres, sinon rapides. Le gouvernement, de son côté, avait amélioré quelques-unes des principales routes royales; mais ce bienfait apparent était transformé en un système régulier d'exactions, par les mesures fiscales dont il était accompagné. Les canaux faisaient donc à ces routes une concurrence victorieuse, et les compagnies, encouragées par leurs succès, ne tardèrent pas à former une ligue qui monopolisa les transports, et put élever ses prix à des chiffres non moins abusifs que ceux des anciens roulages. Sur les réclamations du public, le gouvernement, pour mettre un frein à des exactions qui ne laissaient pas de faire tort aux siennes, autorisa la concurrence. Quelques compagnies nouvelles se formèrent; mais elles furent bientôt absorbées par les anciennes; et le commerce demeura livré sans défense à la rapacité des spéculateurs, qui le rançonnaient sans pitié ni merci.

Cependant les négociants et les producteurs prirent patience et se résignèrent à payer fort cher les services des compagnies, tant que ces services ne laissèrent pas trop à désirer sous le rapport de l'exactitude et de la célérité. Mais à mesure qu'elles voyaient leurs coffres s'emplir, les compagnies devenaient à la fois plus exigeantes et moins soucieuses de satisfaire ou de mécontenter leurs contribuables. La négligence, l'incurie, le désordre croissaient chaque jour avec l'insolence et la cupidité des chefs et de leurs agents. Le roi, les ministres et le parlement furent assaillis de pétitions; mais que pouvaient-ils faire? Les règlements n'étaient point observés, et les tarifs fixés par l'autorité n'étaient que lettre morte pour les monopoleurs, qui ne se faisaient point faute de les doubler et de les tripler.

La population entière se souleva contre cette tyrannie odieuse. Plusieurs réunions nombreuses de commerçants, de manufacturiers, d'ingénieurs, et même d'ouvriers, eurent lieu dans le but d'aviser aux moyens de s'y soustraire. Enfin, dans un *meeting monstre*, tenu à Liverpool le 20 mai 1826, quelques citoyens appelèrent l'attention des auditeurs sur les chemins de fer et les voitures à vapeur, dont l'emploi, pensaient-ils, n'avait pas été jusqu'alors en rapport avec l'utilité qu'on en pouvait retirer. Ils proposèrent de former, séance tenante, une compagnie pour l'établissement d'un chemin de ce genre entre Liverpool et Manchester. Cette proposition fut adoptée avec enthousiasme, et quelques mois après on se mettait à l'œuvre.

Les compagnies de canaux ouvrirent alors les yeux; elles prévirent la fin prochaine de leur puissance usurpée, et firent de tardifs efforts pour échapper à une ruine imminente. Leurs tarifs furent abaissés, l'ordre fut rétabli dans le service des transports; des démarches actives furent faites auprès du gouvernement pour obtenir de lui qu'il refusât à la compagnie rivale les priviléges qu'elle sollicitait. Mais il était trop tard. Les compagnies ne réussirent qu'à retarder de quelques mois le triomphe de leurs adversaires, auxquels la concession du chemin projeté fut accordée à la fin de 1828.

Au commencement de 1829, les travaux de terrassement touchaient à leur fin. Il s'agissait de trouver un moteur dont la puissance et la rapidité répondissent aux espérances qu'on avait fait concevoir sur les avantages du nouveau système. Des commissaires avaient été envoyés, partout où l'on faisait usage de machines locomotives, à la recherche du meilleur système; mais aucun de ceux qu'ils avaient vus ne leur avait paru digne de fixer leur choix.

Les directeurs de la compagnie firent alors un acte de haute intelligence. Sur la proposition de M. Harrison, un de leurs collègues, ils ouvrirent un concours public, et offrirent, outre un prix de 500 livres sterling (12,500 francs), la fourniture du matériel roulant, au constructeur qui présenterait la locomotive réalisant le mieux certaines conditions déterminées. Ces conditions, qui furent publiées le 20 avril 1829, étaient formulées ainsi qu'il suit :

1° La machine doit consumer sa fumée, conformément aux dispositions de l'acte de concession du chemin de fer.

2° La machine, si elle pèse 6 tonnes (6,000 kilogrammes), doit être capable de traîner, sur un chemin de fer bien construit et horizontal, un convoi de chariots du poids de 20 tonnes, y compris l'eau et l'approvisionnement; sa vitesse sera de dix milles (16,093 mètres) par heure, et la pression dans la chaudière n'excèdera pas 50 livres (22 kilogrammes) par pouce carré (254 dix-millièmes de mètre), c'est-à-dire 3 atmosphères 1/2.

3° La chaudière sera munie de deux soupapes de sûreté, dont l'une sera hors de la portée du machiniste; ni l'une ni l'autre ne pourront être fermées lorsque la machine fonctionnera.

4° La machine et la chaudière seront montées sur des ressorts et sur six roues; la hauteur totale de la cheminée ne devra pas excéder 15 pieds (4 mètres 57 centimètres).

5° Le poids de la machine, y compris l'eau de la chaudière, ne devra pas excéder 6 tonnes; et une machine plus légère sera préférée, si elle traîne proportionnellement la même charge. Dans le cas où la machine ne pèserait que 5 tonnes, la totalité de la charge ne dépasserait point 15 tonnes. Pour des machines plus légères encore, la charge sera diminuée dans le même rapport. La machine sera portée sur six roues, tant que son poids ne sera pas réduit au moins à 4 tonnes 1/2. A partir de cette limite, l'appareil pourra être porté sur quatre roues. La compagnie aura la faculté de soumettre la chaudière, le foyer, les cylindres, etc., à un effort de la presse hydraulique équivalent à un poids de 150 livres par pouce carré; elle ne sera pas responsable des dommages qui pourraient en résulter.

6° La machine portera un manomètre à mercure, avec une tige graduée indiquant la pression de la vapeur au-dessus de 45 livres par pouce carré (3 kilogrammes 16 par centimètre carré, ou 3 atmosphères).

L'ouverture du concours fut fixée au 6 octobre 1829. Le lieu choisi pour les expériences fut le plateau de Rainhill, près de Liverpool, qui offre, sur une étendue de 3,318 mètres, une surface parfaitement horizontale. Les juges désignés furent MM. Rastrick, de Sourbridge, Kennedy, de Manchester, et Nicholas Wood, de Killingworth. Cinq machines furent présentées pour entrer en lice. C'étaient :

La *Fusée*, sortie des ateliers de Robert Stephenson, fils et successeur de George Stephenson, dont nous avons parlé plus haut ;

La *Nouveauté*, de MM. Braithwaite et Erickson ;

La *Sans-pareille*, de M. Timothy Hackworth ;

La *Persévérance*, de M. Burstall ;

Et la *Cyclopède*, de M. Brandreth.

La première locomotive essayée fut celle de Robert Stephenson. Elle ne pesait que 4 tonnes 5 quintaux (4,316 kilogrammes), et était montée sur quatre roues. Elle remorqua, sur un plan horizontal, avec une vitesse de près de 18 kilomètres à l'heure, un convoi pesant 12 tonnes 15 quintaux. Débarrassée ensuite de cette charge, ainsi que de sa provision d'eau et de combustible, elle parcourut un trajet de 9,350 mètres dans l'espace de 14 minutes 14 secondes, ce qui représentait une vitesse de 40 kilomètres à l'heure. Attelée à une voiture qui contenait quarante-cinq personnes, la *Fusée* traîna cette nouvelle charge avec une vitesse qui atteignit également dix lieues à l'heure sur un plan horizontal. En remontant une rampe légèrement inclinée, elle fournit encore une course de 16 kilomètres à l'heure. Ce fait démontra que, contrairement au préjugé reçu jusqu'alors, les locomotives pouvaient gravir certaines pentes avec une rapidité relativement assez grande.

Après la *Fusée*, ce fut le tour de la *Sans-pareille*. Cette locomotive était, par le rapport de son poids (4 tonnes 15 quintaux) avec le nombre de ses roues (quatre seulement), en dehors d'une des prescriptions essentielles du programme. Les juges consentirent néanmoins à l'essayer, afin de voir si elle donnerait quelques résultats dont la compagnie pût faire son profit ; mais les épreuves auxquelles on la soumit ne lui furent pas favorables, et elle fut définitivement exclue.

La *Nouveauté*, qui vint ensuite, était arrivée à Liverpool à peine terminée et en assez mauvais état. Il fallut commencer par la réparer ; puis les essais furent à plusieurs reprises interrompus par des accidents ; c'était le tuyau d'alimentation qui crevait, la chaudière qui présentait des fuites. Enfin les constructeurs, MM. Erickson et Braithwaite, déclarèrent se retirer du concours.

M. Burstall se retira également, sa locomotive la *Sans-pareille* ne remplissant pas les conditions du programme.

Quant à la *Cyclopède*, c'était une machine mue par des chevaux ; elle ne pouvait donc être maintenue sur les rangs.

En conséquence, le prix fut adjugé à M. Robert Stephenson, qui fut nommé ingénieur en chef de la compagnie, et auquel fut confiée la construction de toutes les autres machines destinées au service du chemin de fer.

La machine de Stephenson était un véritable chef-d'œuvre. Elle présentait la plupart des dispositions qu'on retrouve dans les locomotives actuelles, et celles-ci n'ont guère subi depuis que des perfectionnements de détail auxquels M. R. Stephenson lui-même a pris une large part.

Cet illustre ingénieur doit être considéré comme le véritable créateur des chemins de fer. Il a attaché son nom à l'établissement de plusieurs lignes importantes, non-seulement en Angleterre, mais aussi dans d'autres contrées de l'Europe, et jusqu'en Afrique et en Asie. C'est aujourd'hui un des hommes les plus éminents du Royaume-Uni, et le premier constructeur de locomotives de l'Angleterre. Cette haute position, le crédit et l'influence légitimes dont il jouit, il les doit sans doute en grande partie à la supériorité de son mérite ; mais il n'oublie pas non plus qu'il ne l'eût peut-être point conquise, si son père ne lui en eût ouvert le chemin. Aussi, « au milieu des honneurs qui l'environnent, dit M. L. Figuier (1), ce dont il se glorifie avant

---

(1) *Applications nouvelles de la science à l'industrie et aux arts*; Paris, 1855.

tout, c'est d'être le fils de George Stephenson, le pauvre ouvrier qui passait ses journées dans le travail des mines, et consacrait ses nuits à réparer des montres, afin de pourvoir à l'éducation de son fils. »

CHAPITRE III

La *Fusée* de Robert Stephenson. — Origine du *tuyau soufflant*. — Description générale de la machine locomotive. — Machines de M. Crampton. — Machines de MM. Maffei et Engerth. — Différents genres de locomotives employés sur les chemins de fer.

Avant de donner à nos lecteurs, comme nous nous proposons de le faire dans ce chapitre, une idée générale des machines employées sur les chemins de fer pour la traction des convois, nous ne saurions nous dispenser de nous arrêter quelques instants à l'admirable machine qui valut à son auteur le prix du mémorable tournoi industriel dont nous avons rendu compte à la fin du chapitre précédent.

Ce qui avait surtout contribué au triomphe de la *Fusée*, c'est que M. Stephenson y avait appliqué le système tubulaire de M. Séguin. Sa chaudière était traversée par 25 tubes seulement, qui donnaient, avec la boîte à feu, une surface de chauffe d'environ 12 mètres carrés. Depuis lors, on a successivement augmenté le nombre de ces tubes. On l'a porté d'abord à 50, puis à 75, puis à 100, et enfin à 125, qui est maintenant le nombre ordinaire; et comme la longueur des machines s'est accrue aussi, au fur et à mesure, il en résulte qu'à présent la surface de chauffe dans les locomotives est de 60 à 80 mètres carrés.

Mais pour rendre au tirage l'énergie que lui ôtait l'exiguïté du diamètre des tubes, Stephenson, au lieu de recourir, comme M. Seguin, à un ventilateur mécanique, y avait adapté un autre procédé infiniment plus simple, plus économique et plus efficace, qui consistait à projeter la vapeur dans la cheminée à sa sortie des cylindres, à l'aide d'un tube qui a reçu le nom de *tuyau soufflant*, ou *d'échappement*.

L'emploi d'un jet de vapeur, lancé avec force dans la cheminée d'un foyer pour activer la combustion, était connu depuis l'antiquité. L'architecte romain Vitruve, et d'après lui Philibert Delorme, l'avaient indiqué comme un excellent moyen pour empêcher les cheminées de fumer; mais la première application industrielle qui en ait été faite est due, autant que l'on sache, à M. Manoury-Dutot, qui prit, au mois d'août 1818, des brevets d'invention et de perfectionnement pour divers moteurs, auxquels il appliquait la propriété *d'entraînement*, qu'il avait constatée dans un jet rapide d'un fluide quelconque, eau, air, ou vapeur. Il proposait, entre autres, pour remplacer les souffleries mécaniques des hauts fourneaux, des tubes dans lesquels un jet de vapeur effilé déterminait la production d'un énergique courant d'air. Cette disposition est aussi celle qu'on emploie pour brûler, à courant d'air forcé, l'anthracite et d'autres combustibles maigres, sur les grilles des machines fixes.

Quelques auteurs ont attribué à notre compatriote Pelletan la première application du tuyau soufflant aux machines à vapeur; mais ce fut seulement en 1830 que ce physicien en fit usage pour quelques moteurs fixes, et pour celui du bateau à vapeur la *Ville-de-Sens*, qui faisait le service de la haute Seine, tandis que George Stephenson l'avait adapté, presque dès le principe, aux locomotives construites par lui pour le chemin de fer de Killingworth et pour celui de Stockton à Darlington. Robert Stephenson lui-même, en l'introduisant dans sa *Fusée*, n'avait donc fait que mettre à profit une des fécondes idées de son père.

Toutes les locomotives, la plupart des autres machines fixes employées dans l'industrie et de celles qu'on établit à bord des steamers, sont maintenant pourvues de ce précieux appareil.

L'effet du tuyau soufflant est dû à deux causes distinctes et consécutives. La première est l'action purement mécanique du jet de vapeur qui chasse violemment l'air de la cheminée; la seconde est la condensation que cette même vapeur éprouve presque instantanément, et qui fait dans la cheminée un vide incessamment rempli par les produits gazeux de la combustion. Outre ce vigoureux appel d'air qu'elle détermine dans le foyer, la tuyère d'échappement rend encore un autre service très-appréciable, en opérant le ramonage continuel de la cheminée, qu'on est ainsi dispensé de nettoyer.

Ce que nous venons de dire suffit déjà pour que nos lecteurs puissent se représenter dans son ensemble les trois parties principales qui constituent, dans la locomotive, l'appareil producteur de force. Il n'en est pas un d'entre eux, du reste, qui n'ait eu occasion d'examiner avec plus ou moins d'attention les locomotives qui circulent sur nos chemins de fer. Il nous reste donc peu de chose à dire pour leur en faire comprendre le mode de fonctionnement.

En thèse générale, une locomotive est une machine à haute pression, dont la force est employée en partie à la traîner elle-même, en partie à remorquer les convois auxquels elle est attelée. Ses éléments essentiels se distinguent aisément à la simple inspection, et il ne faut pas posséder des connaissances bien approfondies en physique et en mécanique pour deviner le rôle de chacun d'eux.

A la partie postérieure, et en avant de la galerie ou terrasse, où se tiennent le chauffeur et le mécanicien, on aperçoit le foyer, ou plutôt la *boîte à feu*. C'est une chambre carrée, divisée dans sa hauteur en deux compartiments inégaux par une grille, tantôt horizontale, tantôt inclinée, tantôt enfin étagée, ou à *gradins*, suivant la disposition qu'on préfère pour obtenir une combustion complète du charbon (houille ou coke) dont on charge cette grille. Le fond de la boîte à feu est formé par le cendrier, qui est incliné d'arrière en avant, de manière à présenter de ce côté une sorte de gueule où l'air s'engouffre avec force par le fait seul de la progression rapide de la machine, ce qui favorise beaucoup le tirage.

La paroi postérieure du foyer présente l'aspect d'un véritable crible. Les nombreux trous circulaires qu'on y voit ne sont autre chose que les orifices des conduits de flamme destinés à diriger les produits de la combustion vers la boîte à fumée, après leur avoir fait traverser la chaudière.

Ce cylindre allongé, revêtu d'une élégante enveloppe de bois, qu'à son volume, ou plutôt à l'étendue de sa surface, on est porté à considérer comme hors de proportion avec le reste de la machine, — bien que sa capacité, déduction faite de l'espace occupé par les conduits de flammes, par le conduit de vapeur, soit, en réalité, peu considérable, — ce cylindre constitue la chaudière ou le générateur tubulaire.

L'eau de ce générateur enveloppe de toutes parts la boîte à feu, dont les murailles sont, à cet effet, formées d'une double paroi en feuilles de tôle parfaitement étanches. Sur la croupe de la chaudière, et faisant corps avec elle, on remarque, au-dessus de la boîte à feu, une sorte de cloche ou de protubérance arrondie, assez élevée. C'est le dôme, ou *réservoir de vapeur*. C'est là que se fait la prise de vapeur, à l'aide d'un large tube coudé, dont l'extrémité s'élève à une certaine hauteur dans l'intérieur du réservoir, puis traverse la chaudière en longeant son arête supérieure, et en sort pour se bifurquer en deux branches, dont chacune se rend à l'un des cylindres. Le conduit de vapeur est muni d'une soupape qui s'ouvre et se ferme à volonté, à l'aide d'une manivelle placée sous la main du mécanicien. Quand cette soupape est ouverte, la vapeur arrive par le tube dans les cylindres, fait jouer les pistons, et par eux met la machine en mouvement. Si, au contraire, on ferme l'orifice, le passage de la vapeur étant intercepté, les pistons cessent de fonctionner, et la locomotive ne tarde pas à s'arrêter.

Comme l'eau de la chaudière s'épuise par la vaporisation, il est nécessaire de la remplacer, sans pour cela suspendre le mouvement, comme on le faisait dans les anciennes voitures à vapeur. Au fur à mesure que l'eau disparaît du générateur, de nouvelles quantités de ce liquide y sont amenées à l'aide d'une pompe alimentaire, qui, mise en jeu comme le reste du mécanisme, par les tiges des pistons, puise l'eau dans un réservoir, ou bâche, porté par le tender, et la refoule dans la chaudière. Cette eau est déjà amenée à une certaine température par un serpentin dans lequel circule une partie de la vapeur qui sort des cylindres.

La chaudière d'une locomotive est, comme celle des machines fixes, munie de soupapes de sûreté qui, lorsque la vapeur acquiert une tension trop forte, s'ouvrent pour en laisser échapper l'excès. Elle porte aussi un *indicateur du niveau d'eau*, et un *manomètre à air comprimé*. Ce dernier instrument consiste en un tube à deux branches, fermé à l'une de ses extrémités et communiquant, par l'autre, avec le réservoir de vapeur. Entre la colonne de mercure et l'extrémité fermée, on a laissé une certaine quantité d'air qui s'oppose à l'ascension du mercure. Il s'établit dès lors, entre la pression de la vapeur et celle de l'air, une lutte qui se manifeste par les oscillations du métal liquide. L'amplitude de ces oscillations, ascendantes ou descendantes, est indiquée par des degrés tracés sur une échelle qui accompagne le tube, et qui donne ainsi la mesure exacte de la tension de la vapeur.

Les cylindres, toujours au nombre de deux, sont placés horizontalement, ou dans une direction légèrement inclinée, en avant et de chaque côté du générateur, tantôt en dedans, tantôt en dehors du train. La machine est dite, dans le premier cas, *à cylindres intérieurs;* dans le second cas, *à cylindres extérieurs.* A chaque cylindre est adapté un tiroir dans lequel un levier coudé ouvre alternativement les deux orifices correspondants aux deux faces du piston. Le levier est commandé par deux excentriques portés par l'essieu moteur, et communiquant avec un autre levier que manœuvre le mécanicien. L'un de ces excentriques est celui *de la marche en avant*, l'autre celui *de la marche en arrière.* En effet, il est souvent nécessaire de faire reculer la locomotive, et il est important, d'ailleurs, de pouvoir la faire marcher dans un sens quelconque, sans être obligé pour cela de la retourner, ce qui exige l'emploi des plaques tournantes, et une manœuvre assez longue et assez pénible. La disposition que nous venons de signaler donne donc au mécanicien la faculté de *renverser la vapeur*, c'est-à-dire de la diriger contre les deux faces du piston dans l'ordre inverse de celui qui a pour effet de déterminer la marche en avant.

Chaque tige de piston se meut dans une rainure à l'aide de deux glissières fixées à son extrémité. Elle est articulée à une longue tige ou bielle qui agit sur un bouton fixé à la roue motrice correspondante, à une certaine distance de l'axe ou essieu. Les roues motrices font, de cette manière, l'office de volants, en même temps que leur progression entraîne celle des autres roues, dont le seul rôle est de supporter la machine. Les bielles partant de chaque cylindre sont croisées à angle droit, en sorte que l'une d'elles se trouve au point le plus avantageux de sa course, quand l'autre est au point le plus faible, ou, comme on dit, *au point mort*, ce qui rend le mouvement uniforme et régulier.

Les roues d'une locomotive sont toujours au nombre de six au moins, y compris les roues motrices. La vitesse de la machine dépend, en partie, du diamètre de ces roues, puisque le nombre des évolutions qu'elles exécutent étant toujours proportionnel à celui des coups de piston, et partant toujours le même dans un temps donné, la distance qu'elles parcourent sur les rails est en raison de l'étendue de leur circonférence. Il y a donc avantage à donner à ces roues le plus grand diamètre possible. Ce diamètre n'avait pu néanmoins, jusqu'en 1851, être porté au delà d'une certaine limite, parce qu'on avait coutume de placer la chaudière au-dessus de l'essieu des roues motrices, et qu'on ne pouvait la suspendre à une trop grande élévation sans compromettre l'équilibre et la sécurité de la locomotive et du convoi. Un ingénieur anglais, M. Crampton, eut alors l'idée de reléguer les roues motrices derrière la machine, en laissant celle-ci reposer sur des roues ordinaires, ce qui permettait de donner aux premières un diamètre illimité, et d'obtenir, par conséquent, une rapidité de marche bien supérieure à celle dont on s'était contenté antérieurement. La première machine construite d'après ce système est sortie des ateliers de Stephenson. Ses roues motrices avaient 92 centimètres de rayon, et elle atteignit, pour son coup d'essai, la vitesse foudroyante de 100 kilomètres à l'heure. Les *locomotives Crampton* ont été employées en France, sur les lignes du Nord et de l'Est, où elles ont fourni des vitesses moyennes de 75 à 80 kilomètres à l'heure. Mais l'expérience y a fait reconnaître divers inconvénients, et, chez nous du moins, l'usage ne s'en est point répandu.

Nous avons dit plus haut que les locomotives ordinaires pouvaient, sans difficulté et sans ralentir beaucoup leur marche, faire remonter à des convois médiocrement lourds des rampes d'une faible élévation. Mais à mesure que la circulation des marchandises sur les voies ferrées a pris plus de développement, on a pu se convaincre combien cette faculté était peu en rapport avec les exigences du service.

Il est, en effet, des pentes assez rapides que les constructeurs ne peuvent éviter, à moins de faire faire au chemin des détours interminables, ou de recourir à des travaux d'art excessivement longs et dispendieux. D'autre part, on ne peut transporter les marchandises avec économie d'un pays à l'autre qu'à la condition d'en transporter beaucoup à la fois, en faisant traîner des convois très-longs et très-lourds aux locomotives affectées à ce genre de service. Or il est des rampes que ces convois de marchandises ne pouvaient surmonter, parce qu'on ne possédait point de machines assez puissantes et susceptibles d'une assez forte adhérence sur les rails; tel était notamment le cas de la rampe de Sommering, sur le chemin de fer de Vienne à Trieste. Ce chemin présente en outre une pente continue de 25 millimètres, plusieurs autres rampes beaucoup plus rapides, et une série de sinuosités dont le rayon de courbure, en maint endroit, ne dépasse pas 180 mètres.

En 1851, le gouvernement autrichien, s'inspirant sans doute de l'exemple donné jadis par la compagnie du chemin de fer de Liverpool à Manchester, ouvrit un concours pour la construction de locomotives à petite vitesse, pouvant traîner des convois très-pesants, sur une voie semblable à celle qui relie Trieste à la capitale de l'empire. Le prix fut adjugé à la *Bavaria*, sortie des ateliers de M. Maffei, de Munich. La machine de ce constructeur, perfectionnée en 1853 par M. Engerth, *conseiller technique* à la direction générale des chemins de fer de l'État, en Autriche, a reçu le nom de *machine-tender*, parce qu'en effet le tender fait corps avec la locomotive, et porte même, sur l'essieu de ses premières roues, une partie de la chaudière. La locomotive elle-même repose sur quatre paires de roues, dont trois sont couplées, c'est-à-dire reliées entre elles et avec la tige du piston par des bielles, en sorte qu'elles exercent toutes une part de l'action motrice. La première paire de roues du tender est également reliée à la quatrième paire de la locomotive par un système de roues dentées. Ces dispositions donnent à la machine de MM. Maffei et Engerth une extrême stabilité, et une prise très-forte sur les rails, où son adhérence est encore augmentée par son poids, qui est énorme. En outre, son tender est pourvu d'une articulation, ou cheville ouvrière, qui permet à la machine de tourner indépendamment de lui, à peu près comme l'avant-train des voitures tourne sans engager l'arrière-train dans sa conversion. La locomotive des ingénieurs autrichiens est à cylindres extérieurs. Ses roues sont d'un petit diamètre.

En résumé, l'on admet aujourd'hui sur les chemins de fer trois classes de machines, savoir :

1° Les *locomotives à voyageurs*, destinées à produire une grande vitesse, mais douées d'une puissance de traction relativement médiocre; leur unique couple de roues motrices est placé, soit au milieu, comme dans le système ordinaire, soit à l'arrière, comme dans le système Crampton;

2° Les *locomotives à marchandises*, dont la marche est plus lente, mais dont la puissance de traction est considérable : la machine Engerth offre le type le plus complet de ce genre de moteurs;

3° Enfin les *locomotives mixtes*, qui, comme leur nom l'indique, tiennent le milieu entre les deux autres genres, et qui, possédant une vitesse et une force moyennes, sont attelées à des trains portant à la fois des voyageurs et des marchandises.

Les premières, par leurs formes élancées et la rapidité de leur allure, représentent le fringant et fougueux cheval de course; les secondes, plus pesantes, mais aussi plus robustes, rappellent le cheval de trait, ce précieux auxiliaire du laboureur; enfin les troisièmes peuvent être comparées à ces *bêtes à deux fins*, que le bourgeois de campagne attelle tantôt à sa charrette, pour rentrer le foin, tantôt à son cabriolet, pour aller rendre visite à ses voisins.

CHAPITRE IV

Inconvénients et dangers inhérents aux locomotives et aux chemins de fer actuels. — Moyens proposés ou essayés pour y remédier. — Système Jouffroy. — Système Arnoux. — Système de MM. Amberger, Nicklès et Cassal. — Plans automoteurs. — Système funiculaire. — Chemin de fer atmosphérique. — Systèmes éolique, — hydraulique, — électro-magnétique. — Conclusion.

Il serait superflu d'insister ici sur les services immenses que rendent aux particuliers, au commerce, à l'industrie, à la civilisation, les chemins de fer, tels qu'ils sont organisés au moment actuel. Il n'est personne qui n'en profite dans une mesure quelconque, et qui ne soit à même de les apprécier. L'éloge de cette admirable institution et l'énumération des avantages qu'elle procure et de ceux qu'on est en droit d'en attendre, sont un thème banal qui a été ressassé sous toutes les formes, et que tout le monde sait par cœur. Nous n'entreprendrons pas non plus de faire l'histoire de ses développements dans les différents états de l'ancien et du nouveau monde, depuis son origine jusqu'à l'heure présente. Enfin nous faisons grâce à nos lecteurs des longs détails techniques où nous entraînerait la description des travaux et des opérations que nécessitent le tracé des voies, la pose des rails et l'exploitation des lignes. C'est là un sujet qui ne peut être traité superficiellement, et dont l'étude approfondie ne saurait être intéressante que pour les personnes déjà familières avec les connaissances de cette nature, et qui veulent s'y adonner d'une manière toute spéciale.

Il ne nous reste donc, pour compléter cette notice, qu'à jeter un rapide coup d'œil sur quelques-unes des tentatives qui ont été faites, soit pour perfectionner, soit même pour remplacer le système en vigueur.

Il faut bien le dire, ce système, si admirable et si parfait sous tant de rapports, a, comme les plus belles choses de ce monde, ses défectuosités, ses inconvénients, ses dangers même. Incomparablement supérieur aux moyens de communication dont on disposait il y a une trentaine d'années, il ne peut cependant pas être considéré comme le dernier mot de la science industrielle, et tout concourt à faire admettre que, si l'on faisait beaucoup moins bien dans le passé, on pourra faire beaucoup mieux encore dans un avenir qui n'est peut-être pas très-éloigné de nous.

Les principaux griefs qu'on élève contre l'emploi des locomotives et contre le mode de traction qu'elles comportent, s'appuient : premièrement, sur les sommes énormes que coûtent l'établissement et l'entretien de la voie; deuxièmement, sur le préjudice grave que causent à un grand nombre de particuliers et à des populations entières les impérieuses exigences du tracé des voies, qu'on ne peut établir que sur un terrain sensiblement horizontal, et dans une direction à peu près rectiligne; troisièmement enfin, sur le peu de sécurité que les chemins de fer offrent aux voyageurs.

Les deux premiers inconvénients tiennent aux mêmes causes, et disparaîtraient simultanément si l'on parvenait à trouver un moteur capable de faire marcher les convois sans danger, et avec une vitesse suffisante, sur un chemin dont la construction fût à la fois facile et économique. Mais le rail-way actuel n'épargne rien : ni l'argent des capitalistes qui entreprennent son exploitation, ni les récoltes des cultivateurs, ni les prés, ni les champs, ni les fleuves, ni les montagnes même qui se trouvent sur son passage. Il ne tient compte d'aucune plainte, d'aucune réclamation en faveur de qui ou de quoi que ce soit : il indemnise les propriétaires expropriés, et tout est dit. Ne lui en demandez pas davantage. Ne lui parlez pas des beautés de la nature ; ne lui demandez point grâce pour un site pittoresque qu'il va déparer, pour une colline verdoyante qu'il va couper en deux, pour une riante vallée qu'il va combler. Il vous répondra que *la ligne droite est le plus court chemin d'un point à un autre;* que d'ailleurs, le voulût-il, tout autre chemin lui est interdit ; qu'il ne peut ni monter, ni descendre, ni se détourner. Les lois immuables qui régissent le mouvement des choses inanimées, le rendent étranger à toute considération qui ne tient pas à la physique et à la mécanique ; devant ces lois la spéculation elle-même, si peu prodigue de ses écus, est contrainte d'incliner la tête et de délier les cordons de sa bourse ; pas de millions, pas de chemins de fer : c'est à prendre ou à laisser.

« Cette inflexibilité aveugle imposée à la direction de nos lignes, dit M. L. Figuier, est la cause principale des dépenses excessives qu'entraîne leur exécution ; c'est aussi le point profondément vicieux, nous dirions presque le côté barbare des chemins de fer actuels. Ces montagnes percées à jour, ces longs viaducs joignant le sommet des collines, ces fleuves franchis sur un point forcé, ces étangs ou ces marais traversés sur des digues élevées à grands frais, ces longs trajets souterrains, ces sombres tunnels parcourant des lieues entières, et où le voyageur, enfoui dans les entrailles de la terre, privé du spectacle de la nature et du ciel, semble voir comme une image anticipée de son dernier séjour ; tout cela rappelle singulièrement les débuts grossiers de l'art humain ; et lorsque les générations futures viendront un jour contempler les débris et les vestiges abandonnés de ces travaux immenses, il est à croire qu'elles concevront quelque dédain de ces merveilles dont nous nous montrons si fiers. »

Venons à la question de sécurité. On s'est évertué à démontrer, par des relevés statistiques, que les anciens véhicules occasionnaient proportionnellement plus d'accidents que les chemins de fer. Nous l'accordons volontiers; mais qu'est-ce que cela prouve? Du temps des pataches et des diligences on voyageait fort peu; et, en admettant que le nombre des personnes tuées ou blessées chaque année sur les routes royales, fût, avec celui des voyageurs, dans un rapport très-élevé, il n'en reste pas moins évident que le nombre des accidents, surtout des accidents graves, était alors extrêmement restreint. La création des chemins de fer a changé de fond en comble nos habitudes. Ayant à notre disposition un moyen rapide, facile et relativement économique de nous déplacer, il est tout simple que nous en usions; et il serait étrange que les compagnies qui nous le fournissent nous reprochassent d'en abuser. Ce n'est pas, apparemment, pour promener sur les rails des voitures vides, qu'elles font établir des chemins de fer et construire des locomotives. Il nous importe donc fort peu de savoir ce qui se passait autrefois, tandis qu'il nous importerait beaucoup d'avoir, lorsque nous montons dans un wagon, la certitude d'arriver sains et saufs au but de notre voyage. Or cette certitude, dans l'état présent des choses, nous ne l'avons malheureusement pas. Les chances mauvaises sont, dira-t-on, représentées par un quotient minime. Soit; mais enfin ces chances existent. — Les accidents sont rares, objectera-t-on encore. — Moins rares, peut-être, et en général plus funestes qu'on ne voudrait le faire croire. Lorsqu'une diligence versait, les douze à quinze personnes qu'elle contenait pouvaient être plus ou moins contusionnées; il pouvait y avoir des bras démis, des jambes cassées; il fallait que la chute fût bien rude pour qu'il y eût mort d'homme. En tout cas, le nombre des victimes était nécessairement très-limité. Il n'en est pas ainsi sur les chemins de fer, où tant de personnes voyagent ensemble, et sont, pendant tout le temps que dure le trajet, liées par une destinée commune. Ici, point de petits malheurs : le moindre accident devient un désastre, et l'on compte aussitôt les victimes par centaines. Est-il nécessaire de rappeler les effroyables catastrophes qui, à des intervalles rapprochés, sont survenues sur les principales lignes de France, d'Angleterre et d'Amérique, et qui ont plongé tant de familles dans le deuil?

Ajoutons que ces sinistres événements ne doivent pas toujours être imputés à la maladresse ou à l'incurie des ingénieurs ou des employés. Ils arrivent souvent par suite de causes inhérentes au système, et dont il n'est donné à personne de prévoir et de conjurer les effets. Nous allons même plus loin, et nous déclarons qu'en songeant à la complication des éléments du service des chemins de fer, à ces trains qui se succèdent et se croisent à des intervalles si rapprochés, à ces voies qui s'entrecroisent, à ces viaducs élevés, au sommet desquels des convois glissent, lancés à toute vitesse, sur des rails polis comme la glace, à ces tunnels de plusieurs kilomètres de longueur qu'ils traversent au sein d'une profonde obscurité, à ces mille détails de surveillance qui exigeraient une attention de tous les instants, à ces manœuvres qui doivent s'exécuter, non pas seulement à telle heure, mais à telle minute, et presque à telle seconde, — nous sommes plutôt tentés de nous étonner que les accidents ne soient pas plus fréquents.

Les déraillements de la locomotive ou des wagons, par suite du dérangement d'un rail ou de l'affaissement d'une partie de la voie; la rupture de quelque pièce importante, telle, par exemple, que l'essieu de la locomotive; quelquefois, mais rarement, l'explosion de la chaudière; enfin, — et c'est là le cas le plus ordinaire, en même temps que le plus grave, — la rencontre de deux convois marchant sur une même voie, soit en sens contraire, soit dans le même sens, mais avec des vitesses inégales; — telles sont les causes qui occasionnent la plupart des catastrophes dont le récit, bien que toujours mitigé, vient de temps à autre jeter la consternation et l'effroi parmi le public.

Diverses mesures ont été prescrites par l'administration ; de nombreux procédés ont été imaginés et essayés par les hommes de l'art, pour empêcher la production de ces causes, ou du moins pour en atténuer les funestes effets. Mais l'expérience a confirmé ce que d'avance la théorie avait indiqué : à savoir, que les accidents de chemins de fer ne peuvent, par aucun moyen, être prévenus d'une manière absolue, et que, quant aux palliatifs mis en avant pour en diminuer la gravité, ils sont tout à fait inefficaces.

De même, en ce qui concerne les perfectionnements qu'on a voulu introduire en vue de l'économie, soit dans la construction de la voie, soit dans les dispositions des machines, on n'est encore parvenu qu'à des résultats négatifs ou insignifiants ; et Dieu sait pourtant combien d'inventions de ce genre apparaissent chaque jour, s'annonçant modestement comme destinées à changer la face des choses, au grand avantage du public et des compagnies. Mais presque toutes retombent bientôt dans l'oubli, sans même avoir pu obtenir les honneurs de l'expérimentation.

« Les ingénieurs qui sont à la tête des grandes entreprises de chemins de fer, dit à ce sujet M. Perdonnet dans son excellent traité sur la matière, sont chaque jour en butte aux attaques des inventeurs, qui les accusent de repousser systématiquement leurs idées, par routine, ou même par un sentiment mesquin de jalousie. Les ingénieurs sont certainement peu disposés à faire, sur une grande échelle, des essais qui, s'ils ne sont pas couronnés de succès, peuvent compromettre gravement leur réputation ; mais ils sont loin, généralement, de repousser les procédés nouveaux qui peuvent être expérimentés sans trop de difficultés, et qui semblent rationnels. Malheureusement les inventeurs sont, en très-grande majorité, entièrement étrangers à la théorie et à la pratique, et les systèmes qu'ils proposent d'appliquer, si la pensée qui les a inspirés n'est contraire aux principes les plus élémentaires, ne sont que la reproduction de systèmes abandonnés depuis longtemps; et c'est en vain qu'on chercherait à le leur faire comprendre. »

Parmi les systèmes tendant à perfectionner dans son ensemble ou dans ses principales dispositions le système ordinaire, nous citerons seulement les suivants.

Le *système Jouffroy* comprend diverses modifications empruntées, pour la plupart, à d'autres systèmes plus anciens, et dont l'ensemble n'a qu'une médiocre valeur. L'inventeur est M. le marquis de Jouffroy, fils de celui dont nous avons exposé les travaux dans la notice précédente.

Le *système Arnoux* fonctionne depuis plusieurs années sur le chemin de Paris à Sceaux, qui a même été spécialement établi pour l'expérimenter; mais il n'a encore été adopté par aucune autre ligne, malgré les perfectionnements qu'y a introduits M. Henri Arnoux, fils de l'inventeur. Ce système est aussi appelé *système de wagons articulés*. Comme son nom l'indique, il ne modifie en rien la machine, et s'applique seulement à la structure et à l'agencement des châssis et des roues sur lesquels reposent les wagons. Il permet aux trains de marcher à grande vitesse et sans aucun risque de déraillement, sur un chemin présentant des courbes d'un très-petit rayon et des sinuosités nombreuses. Mais les ingénieurs s'accordent à lui reprocher plusieurs inconvénients graves, dont le principal consiste dans la difficulté qu'on éprouverait à employer, pour la traction de ces trains, des machines d'une grande puissance.

Le *système de MM. Amberger, Nicklès et Cassal*, est un de ceux, très-nombreux, qui ont été proposés pour accroître l'adhérence des roues motrices sur les bandes métalliques. Pour y parvenir, ces messieurs ont eu l'idée de recourir à l'électromagnétisme; d'aimanter les rails en entourant la partie inférieure des roues motrices avec un fil de cuivre recouvert de gutta-percha, et dont les deux extrémités communiqueraient avec les deux pôles d'une pile voltaïque placée sur la machine. Ils voulaient, par l'action du courant dans l'intérieur du rouleau de fil de cuivre, transformer les jantes des roues en de véritables aimants, exerçant, comme tels, une puissante attraction sur le fer doux des rails. Ce système a été expérimenté sur la ligne de Lyon; mais il a mal réussi. Les bandages des roues de locomotives, étant de fer dur, s'aimantaient bien, mais ne se désaimantaient pas assez vite; de sorte qu'en marche les pôles se trouvaient plutôt sur le diamètre horizontal que sur le diamètre vertical.

Passons maintenant aux systèmes plus radicaux qui ont pour but de remplacer la locomotive, soit d'une manière complète, soit seulement en de certaines circonstances. Il va sans dire qu'ici encore nous faisons choix de quelques-uns, parmi la foule de ceux qui ont été mis en avant dans ces dernières années.

I. *Système des plans automoteurs.* Celui-ci est de tous assurément le plus simple. Il supprime la locomotive et la remplace — par rien, ou plutôt par une force qui ne coûte rien : par la pesanteur. En un mot, ce chemin de fer n'est autre chose que l'application industrielle de ce jeu si connu sous le nom de *montagnes russes.* Son emploi est avantageux toutes les fois que la pente est de 25 à 30 millimètres par mètre. Les chemins de fer où la gravité sert de moteur sont presque toujours à double voie : une pour la remonte, l'autre pour la descente. Quand ils n'ont qu'une voie, on a soin d'établir une sorte de gare d'évitement au point où les convois se croisent. Les wagons sont attachés aux extrémités d'un câble de chanvre ou de fil de fer, qui s'enroule autour de la gorge d'une grande poulie horizontale installée au sommet de la rampe, et un peu en avant de laquelle se trouve toujours le dépôt des marchandises à transporter. Quand les wagons sont chargés, il suffit de les pousser légèrement sur le bord de la pente, pour qu'ils commencent aussitôt leur mouvement de descente. Une fois lancés, ils courent sur les rails par l'effet seul de leur poids, en entraînant les wagons vides. La rapidité de la descente va sans cesse croissant, et deviendrait dangereuse si l'on ne parvenait à la modérer, ou même à l'arrêter, en agissant sur la poulie au moyen d'un frein disposé *ad hoc*. Ce frein est lui-même insuffisant, quand la pente est très-forte; dans ce cas, on remplace la poulie par un treuil. Dans l'exemple que nous avons pris pour donner une idée du mode de fonctionnement de ce rail-way, nous avons supposé les wagons pleins partant du haut de la rampe. Si leur point de départ se trouvait, au contraire, à la partie inférieure, on pourrait les faire monter en remplissant d'eau les wagons vides du train de descente. En général, on ne donne pas au plan incliné du chemin automoteur plus de 1,600 mètres de longueur. Si l'espace à parcourir dépasse cette limite, on le divise en sections de 90 à 100 mètres, séparées par des paliers, et dont on fait autant de plans automoteurs.

Système funiculaire. Sur quelques chemins de fer, on emploie, pour faire gravir aux trains des pentes rapides, des machines fixes ordinaires, qui mettent en mouvement des poulies sur lesquelles s'enroule, comme dans le système des plans automoteurs, le câble de traction. Ce système a sur le précédent l'avantage de ne pas limiter la longueur des rampes. Il admet également des inclinaisons très-fortes; mais, par mesure de prudence, on ne dépasse pas 3 à 4 centimètres par mètre lorsqu'on veut faire servir le rail-way au transport des voyageurs. Le nom de *funiculaire*, qui a été donné à ce système, vient du mot latin *funis*, qui signifie corde, ou câble, parce que, comme on vient de le voir, il consiste à communiquer aux wagons, à l'aide de cordes, la force motrice développée par la machine.

Système atmosphérique. C'est le concurrent le plus sérieux que la locomotive ait rencontré jusqu'à présent. Il sort tout à fait de la ligne des inventions vulgaires, et l'on ne peut se refuser à y reconnaître une conception savante, très-simple dans son principe et très-ingénieuse sous le rapport des moyens adoptés pour la mettre en pratique. C'est, qu'on nous passe le mot, un des plus élégants tours de force que l'industrie scientifique ait accomplis dans le XIXe siècle, qui en a déjà tant vu. A ces titres, le système atmosphérique mérite que nous lui accordions une mention spéciale, et que nous remontions à quelques années en arrière pour rechercher son origine et retracer son histoire.

Papin avait émis, dès 1687, l'idée d'appliquer à la locomotion la force produite par la pesanteur de l'air, ou, comme on dit, par la pression atmosphérique. Mais ce fut seulement en 1810 qu'un savant danois, M. Medhurst, conçut le projet de mettre cette idée à exécution, et l'exposa dans une brochure intitulée : *Nouvelle méthode pour transporter des effets et des lettres par l'air.* En 1812, parut un nouvel opuscule du même auteur, sous ce titre : *Quelques calculs et remarques pour prouver la possibilité de la nouvelle méthode,* etc. M. Medhurst proposait d'établir, dans l'intérieur d'un tube, des rails de fer sur lesquels roulerait un chariot chargé des paquets, des lettres et des dépêches qu'on voudrait expédier d'un point à un autre. Le chariot devait être poussé par un piston jouant librement à l'intérieur et dans toute la longueur du tube. Une machine pneumatique, installée à chaque extrémité, devait, en faisant le vide, tantôt d'un côté, tantôt de l'autre, *aspirer* le piston, et avec lui le petit chariot. Il s'agissait donc d'un nouveau système de télégraphie qui eût pu remplacer à la fois avec avantage la poste aux chevaux et le télégraphe aérien, alors en usage. L'idée était rationnelle et praticable. Elle n'eut, néanmoins, aucun succès, et passa presque inaperçue au milieu du torrent des événements politiques et militaires qui absorbaient à cette époque l'attention de l'Europe.

Quelques années après, un Anglais, M. Vallance, s'empara de cette idée, et prit un brevet pour l'application de la pression atmosphérique au transport des voyageurs. Son moyen était fort simple. Il consistait à donner au tube de M. Medhurst un diamètre de deux mètres, à remplacer le petit chariot par un plus grand, et à y mettre des voyageurs au lieu de paquets. M. Vallance ne laissa pas de soumettre cette belle invention à des expériences qui lui parurent concluantes. Il construisit un gros tube en bois de sapin, y plaça des rails, et sur ces rails des chariots. Puis il fit jouer la machine pneumatique, et il eut la satisfaction de voir, au bout de quelques minutes, le piston et les chariots arriver au terme de leur course. Il ne manquait donc plus que des voyageurs; mais personne ne fut tenté d'essayer de ce mode de transport. On avait l'habitude de respirer librement le grand air; on tenait à cette habitude, et l'on craignait, peut-être avec raison, que le tube de M. Vallance n'offrît pas, pour la satisfaire, toutes les facilités désirables.

Cette excentrique tentative fit quelque bruit, — un bruit de rires, s'entend. — M. Medhurst en profita pour reproduire son projet, revu et augmenté. Il offrit à son tour de faire marcher des trains de voyageurs à l'aide de la machine pneumatique : non pas, toutefois, de la façon que M. Vallance avait essayée, mais en transmettant l'action du piston, glissant dans le tube, à des voitures placées extérieurement. La difficulté était de relier le piston au train sans laisser entrer l'air dans le tube. Cette difficulté, très-grande à la vérité, arrêta M. Medhurst; mais enfin le problème était posé; plusieurs mécaniciens se mirent à l'étudier, et, en 1838, MM. Samuda et Clegg, constructeurs à Wormwood-Shrubs, près de Londres, ayant trouvé une solution satisfaisante, s'occupèrent aussitôt de transporter dans la pratique le procédé de locomotion du savant danois.

Leurs premiers essais eurent lieu en France, à Chaillot et au Havre, sur une très-petite échelle; puis ces messieurs établirent entre Londres et Wormwood-Shrubs, aux portes de leur usine, un véritable chemin de fer d'un mille de longueur, offrant sur son parcours une pente assez rapide. Une pompe pneumatique, mue par une machine à vapeur de la force de 10 chevaux, faisait le vide dans un tube couché entre les rails, et les wagons étaient entraînés avec une vitesse de 40 à 45 kilomètres à l'heure.

Le public, cette fois, prit intérêt à ces curieuses expériences; mais la plupart des hommes de l'art ne purent se décider à les prendre au sérieux. Après de longues et inutiles démarches auprès des ingénieurs dont l'opinion faisait autorité dans la capitale du Royaume-Uni, MM. Samuda et Clegg s'adressèrent, en 1840, à la compagnie du chemin de fer de Dublin à Kingstown (Irlande), et obtinrent, par l'entremise de M. Pim, trésorier de cette compagnie, que leur système serait expérimenté entre Dalkey et Kingstown. Le gouvernement anglais, de son côté, voulut bien encourager ces essais en accordant à la compagnie, pour faire face aux frais d'installation, un prêt gratuit de 25,000 livres sterling.

Les travaux furent terminés au mois d'août 1843; et, après quelques voyages d'essai, qui se firent sans aucun accident et avec une grande célérité, le nouveau rail-way fut livré à la circulation.

Forts de ce premier succès, MM. Clegg et Samuda renouvelèrent leurs instances auprès des ingénieurs et des spéculateurs de Londres, et ils furent cette fois plus heureux. Une compagnie anglaise consentit à établir un chemin de fer atmosphérique entre Londres et Croydon. Enfin, en 1844, le ministre des travaux publics de France envoya en Irlande M. Mallet, ingénieur des ponts et chaussées, avec la mission d'étudier ce système. Sur le rapport favorable que présenta cet ingénieur, le gouvernement décida que l'invention de MM. Medhurst, Samuda et Clegg serait mise à l'épreuve. Une allocation de 1,800,000 francs fut votée à cet effet par les chambres, le 5 août 1844, et une ordonnance royale, en date du 2 novembre suivant, statua que les expériences auraient lieu sur la ligne de Paris à Saint-Germain, entre cette dernière localité et la station du Pecq. Cette section avait été choisie précisément à cause de l'inclinaison considérable qu'elle présente à partir du bois du Vésinet, et qui avait empêché le chemin de fer ordinaire d'arriver jusqu'à Saint-Germain. La municipalité de cette ville, pour encourager cette œuvre, ajouta 200,000 francs aux 1,800,000 francs votés par les pouvoirs législatifs; en sorte que la compagnie eut à sa disposition une somme ronde de deux millions, suffisante, à ce qu'il semblait, pour l'exécution d'une ligne de si peu d'étendue. Cependant le chemin ne fut établi que sur le parcours de 2 kilomètres 1/2, qui sépare le plateau de Saint-Germain du pont de Montesson, et la dépense totale atteignit le chiffre de six millions. Ce chiffre explique assez pourquoi le gouvernement et les compagnies n'ont pas cru devoir pousser plus loin l'emploi du système atmosphérique. Le même motif a eu, de l'autre côté du détroit, les mêmes conséquences. Néanmoins il semble qu'on ait voulu rendre un hommage mérité au génie des inventeurs, en laissant subsister, là où ils avaient été une fois installés, les spécimens d'une des plus curieuses et des plus élégantes applications de la science à l'industrie. Au moment où nous écrivons, les chemins de fer atmosphériques de Kingstown, de Croydon et de Saint-Germain, sont encore en pleine activité. Voici comment ils fonctionnent.

Au milieu de la voie, et sur toute l'étendue de son parcours, est fixé un gros tube de fonte, bouché à ses deux extrémités par des soupapes spéciales, et dans lequel glisse un piston lié, par une barre dite d'*attelage*, au *wagon-directeur*, c'est-à-dire à celui qui est placé en tête des autres wagons, et qui est destiné à les entraîner. Cette barre passe dans une rainure ou fente longitudinale, pratiquée à la partie supérieure du tube, et fermée par une soupape d'une structure particulière. Cette soupape consiste en une bande de cuir continue, fixée sur l'un des bords de la fente de manière à faire charnière; elle est renforcée par des lames de tôle mince et flexible, qui lui laissent assez de souplesse pour livrer passage à la barre d'attelage, tout en fermant parfaitement le tube à une petite distance en avant et en arrière. Afin que l'occlusion soit aussi complète que possible, un mastic d'huile de phoque, de cire, de caoutchouc et d'argile, maintient l'adhérence de la bande de cuir sur le bord de la rainure. A mesure que le piston s'avance, un long couteau, dont il est muni, soulève la soupape qui, après le passage de la tige, retombe par l'effet de la pesanteur, et se recolle contre le tube sous la pression d'un rouleau adapté à la tige. Lorsque la soupape est ainsi soulevée, elle laisse forcément entrer un peu d'air dans le tube; mais comme les machines pneumatiques continuent de fonctionner pendant le voyage du convoi, elles expulsent presque instantanément cette petite quantité de gaz, qui ne ralentit nullement la marche des wagons.

Le chemin de fer atmosphérique de Saint-Germain sert à gravir la rampe qui sépare le bois du Vésinet de cette ville. L'inclinaison de cette rampe est de 35 millimètres par mètre. Le tube propulseur a 63 centimètres de diamètre intérieur. Il se compose de 850 portions, de 3 mètres environ de longueur, réunies par des emboîtures garnies de filasse suifée. Il pèse 490 kilogrammes le mètre courant. La descente s'opère par la seule impulsion de la gravité. Quant à la montée, voici comment elle s'effectue. Arrivé à la station de Montesson par le rail-way ordinaire, le convoi est poussé, au moyen d'un croisement de rails, sur la voie atmosphérique, et accroché au wagon-directeur. A un signal donné par le télégraphe électrique, les pompes aspirantes se mettent en mouvement, et les voitures sont entraînées par le piston qui glisse dans le tube. Le trajet se fait en trois minutes.

L'appareil aspirateur est établi à la gare de Saint-Germain, dans un immense bâtiment construit en pierres de taille et supporté par une charpente de fer. Cet appareil, de proportions gigantesques, se compose de deux machines pneumatiques placées au bas de l'édifice, qui peuvent extraire quatre mètres cubes d'air par seconde. Elles reçoivent le mouvement de deux machines à vapeur de la force de 200 chevaux chacune, à haute pression, à détente et à condenseur. Ce magnifique ensemble de chaudières, de pistons, de leviers, au milieu desquels se meut une roue dentée de 5 mètres de diamètre, destinée à transmettre aux pistons des pompes pneumatiques le mouvement de ceux des machines à vapeur, est assurément bien plus beau et bien plus majestueux que le cylindre grisâtre surmonté d'une cheminée noire, et porté sur une demi-douzaine de petites roues massives, dont la société moderne a fait son coursier favori. Mais, hélas! l'industrie, la spéculation et le public lui-même, sont peu sensibles à la beauté de leurs serviteurs. Une seule chose les touche et leur plaît : le bon marché.

« Quel est votre meilleur employé ? demandait-on à un riche négociant.

— C'est mon garçon de magasin, répondit-il : il ne me coûte que cinquante francs par mois. »

De même la meilleure machine est celle qui coûte le moins cher. Aussi est-il fort à craindre que le système atmosphérique ne soit destiné à être prochainement et définitivement abandonné.

Système éolique. Ce système, imaginé par M. Andraud, est

à peu près la contre-partie du précédent. Au lieu d'aspirer l'air, il le refoule dans un tube flexible de cuir et de caoutchouc, qui, en se gonflant, pousse en avant une large roue de bois adaptée au wagon-directeur. L'air est emmagasiné et comprimé dans un canal enfoui sous le sol, au bord de la voie. Des machines à vapeur, destinées à condenser l'air dans ce réservoir, sont placées de distance en distance sur le chemin. Le système éolique permettrait aux convois de tourner des courbes d'un faible rayon et de gravir des pentes rapides, et donnerait de bons résultats si l'on se contentait de l'appliquer à des lignes de peu d'étendue; mais, en raison de la faible intensité de la force produite par l'air comprimé, et de la nécessité où l'on est de multiplier les stations et les machines, il ne paraît point propre à une grande exploitation.

Système hydraulique. Il s'agirait ici de mettre à profit, pour faire marcher des convois, la force produite par une colonne d'eau tombant d'une grande hauteur, et qu'on dirigerait ensuite dans un long tube couché au milieu de la voie. Cette invention, due à un ingénieur anglais, M. Shuttlewarth, a été expérimentée sur le chemin de fer de Dublin à Cork. Elle n'a donné que des résultats d'une médiocre valeur, et les hommes spéciaux n'ont pas pensé qu'elle fût digne de fixer leur attention.

Système électro-magnétique. M. Stœrer, de Francfort, en 1838 et 1842, M. Wagner, en 1844, ont essayé de substituer à la force motrice de la vapeur la puissance d'attraction des aimants artificiels. Nous sommes de ceux qui, confiants dans l'avenir, pensent qu'un jour nos neveux sauront trouver dans l'électricité un moteur plus énergique et plus docile que la vapeur; mais, pour le moment, toute tentative pour réaliser ce grand objet avec les moyens encore si imparfaits et les connaissances rudimentaires que nous possédons, nous semble puérile et peu sensée, et tout ce que, selon nous, on peut dire aujourd'hui de MM. Wagner et Stœrer, c'est qu'ils sont au futur moteur électrique ce que ce pauvre Cugnot était, il y a quatre-vingts ans, à la machine à vapeur.

Nous clorons ici la liste des tentatives faites pour détrôner la machine à vapeur. On voit par ce que nous avons dit, et beaucoup mieux encore par ce qui se passe sous nos yeux, que tous ces efforts ont été à peu près en pure perte.

« Le boulet qui doit me tuer n'est pas encore fondu, » disait Napoléon pendant un de ses derniers combats.

On en peut dire autant, ce nous semble, du boulet qui doit tuer la machine à vapeur.

FIN.

TABLE

MACHINES A VAPEUR

CHAPITRE I

Fables sur l'origine des machines à vapeur. — Le marquis de Worcester. — Salomon de Caus. 1

CHAPITRE II

Expériences de Pascal et de Torricelli sur la pression atmosphérique. — Machine pneumatique inventée par Otto de Guericke. — Machines atmosphériques de l'abbé de Hautefeuille et de Christian Huyghens. — Denis Papin. — Sa *marmite*. — Sa machine à piston. — Ses voyages. — Sa mort. 6

CHAPITRE III

Thomas Savery. — Sa pompe aspirante. — Succès qu'elle obtient en Angleterre. — Thomas Newcomen et John Cawley. — Leur machine à feu. — La soupape de sûreté. — Perfectionnements successifs apportés à la machine à feu. — Humphrey Potter. — Fitz-Gerald. 13

CHAPITRE IV

Les inventions en Angleterre. — Progrès des sciences physiques au xviiie siècle. — Découvertes de Robert Black sur le calorique latent. — James Watt. —

Sa famille, son enfance, ses débuts dans les sciences mécaniques. — Ses premiers travaux sur la machine à feu. — Le condenseur isolé. — *La machine à simple effet.* — Association de James Watt avec Matthieu Boulton. 21

CHAPITRE V

Opérations industrielles de J. Watt et de M. Boulton. — Leurs procès. — Nouvelles inventions de Watt. — La machine à double effet. — Le régulateur à force centrifuge. — La détente de la vapeur. — Dernières années de Watt. — Sa mort. — Honneurs qui lui furent rendus par ses concitoyens. 32

CHAPITRE VI

La machine à basse pression. — La machine à haute pression. — Leupold. — Olivier Evans. — Vie et travaux de ce dernier. — Importance de sa découverte. 37

CHAPITRE VII

Description de la machine à vapeur et des principales pièces qui la composent. — Chaudière. - Appareils de sûreté. — Le tiroir. — Cylindres et pistons. — Condenseur. — Parallélogramme articulé. — Balancier. — Régulateur à force centrifuge. — Volant. — Pompe alimentaire. — Pompe à air. 42

CHAPITRE VIII

Tentatives de perfectionnement de la machine à vapeur. — Machine de *Wolf.* — Machines *du Cornouailles.* — Machines *à cylindre fixe vertical.* — Machines *oscillantes.* — Machine *à vapeurs combinées* de M. du Tremblay. — Machines *à air chaud.* — Le docteur Stirling. — M. Ericsson. — Système de ce dernier. — Machine *à vapeur régénérée* de M. Siemens. 54

BATEAUX A VAPEUR

CHAPITRE I

Papin, auteur du premier essai connu de navigation par la vapeur. — Projets tendant à remplacer les rames et les voiles par d'autres organes propulseurs. — Duquet. — Le comte de Saxe. — L'abbé Gauthier. — Daniel Bernouilli. — Le marquis de Jouffroy. — Détails biographiques sur ce personnage. — Ses travaux. — Ses expériences sur le Doubs et sur la Saône. — Ses rapports avec le ministre Calonne et avec l'Académie des sciences. 73

CHAPITRE II

Essais de navigation par la vapeur aux États-Unis et en Angleterre. — James Rumsey. — Ficht. — Miller et Symington. — Lord Stanhope. 84

CHAPITRE III

Robert Fulton. — Son origine. — Son enfance. — Son premier état. — Il vient en Europe, et renonce à la peinture pour s'occuper de mécanique. — Inventions diverses. — Le *Torpedo*. — Fulton en France. — Le panorama. — Association de Fulton avec R. Livingston. — Construction d'un bateau à vapeur. — Désastre réparé. — Expérience sur la Seine. — Vaines démarches auprès de Napoléon. — Lettre de Fulton aux directeurs du Conservatoire. — Offres du gouvernement britannique. — Second séjour en Angleterre. — Retour à New-York. — Établissement de la navigation par la vapeur aux États-Unis. — La frégate *le Fulton Ier*. — Mort de Fulton. — Honneurs qui lui furent rendus. — Son caractère. — La vérité sur ses rapports avec Napoléon. 89

CHAPITRE IV

Les bateaux à vapeur en Angleterre. — Henry Bell. — La *Comète*. — Rapides progrès. — Emploi des pyroscaphes sur mer. — Encore le marquis de

Jouffroy. — Nouvel échec. — Difficultés et lenteur de l'établissement des bateaux à vapeur en France. — Les steamers appliqués aux voyages de long cours. — Le *Savannah.* — L'*Enterprize.* — Projet de traverser l'océan Atlantique avec la vapeur seule, vivement discuté, réalisé par le *Great Western* et le *Sirius.* 107

CHAPITRE V

Marche ordinaire des inventions humaines. — Moyens de propulsion employés à bord des bateaux à vapeur. — Le système palmipède. — Les roues à aubes. — Leurs avantages et leurs inconvénients. — L'hélice. — Charles Dallery, inventeur de cet appareil. — Sa vie, ses travaux, ses malheurs. — Valeur réelle de son invention. 119

CHAPITRE VI

Recherches des ingénieurs contemporains sur le propulseur-hélice. — MM. Delisle, Sauvage, Ericsson, Smith. — Expériences de M. Chappell, relatives à l'hélice de M. Smith. — Adoption de cet appareil en Angleterre, puis en France. — Perfectionnements et modifications dont il a été l'objet. — Systèmes de M. Hunt, de M. Rennie, de M. Carpenter, de M. Blaxland, de M. Huon. — Hélice à 4, 3 et 2 ailes. — Hélice de M. Mangin. — Avantages de l'hélice. — Adoption générale de ce propulseur pour la navigation maritime. — Supériorité des roues à aubes pour la navigation fluviale. 136

CHAPITRE VII

Développements prodigieux de la navigation par la vapeur en France, en Angleterre et aux États-Unis. — Marine française. — Vaisseaux mixtes. — Le *Napoléon.* — La *Bretagne.* — Marine américaine. — *Steam-boats*, *steamers* et *clippers.* — Le *Great-Republic.* — Marine britannique. — Le *Persia.* — Le *Great-Britain.* — Le *Great-Eastern.* 151

CHEMINS DE FER

CHAPITRE I

Origine des *chemins à bandes* et des *chemins de fer*. — Premières idées et premiers essais relatifs à l'emploi des machines à vapeur pour les transports par terre. — Le docteur Robison. — Joseph-Nicolas Cugnot. — Essais du *fardier à vapeur* à l'Arsenal de Paris, sous le ministre Choiseul. — Nouvelles expériences ordonnées par l'Institut. — Réflexions à ce sujet. — Note relative à Fulton. — Olivier Evans et son *steam-carriage*. — Incrédulité et défiance des Américains et des Anglais. — Leur audace actuelle, etc. 169

CHAPITRE II

Les voitures à vapeur en Angleterre. — Tentatives des mécaniciens Trevithick et Vivian pour faire marcher ces voitures sur les routes ordinaires. — Obstacles qu'ils rencontrent. — Ils se rejettent sur les chemins à rails. — Nouvel obstacle, mais imaginaire. — Essais pour en triompher. — Expériences de M. Blackett, qui démontrent que cet obstacle n'existe pas. — *Locomotives* de G. Stephenson. — Création du chemin de fer de Saint-Étienne à Lyon. — M. Seguin aîné. — Chaudières tubulaires. — Mauvais état et insuffisance des voies de communication dans la Grande-Bretagne, à la fin du xviiie siècle et au commencement du xixe. — Création de canaux. — Monopole et exactions des compagnies. — Création du chemin de fer de Liverpool à Manchester. — Concours de 1829. — Prix adjugé à Robert Stephenson. 187

CHAPITRE III

La *Fusée* de Robert Stephenson. — Origine du *tuyau soufflant*. — Description générale de la machine locomotive. — Machines de M. Crampton. — Machines de MM. Maffei et Engerth. — Différents genres de locomotives employés sur les chemins de fer. 204

CHAPITRE IV

Inconvénients et dangers inhérents aux locomotives et aux chemins de fer actuels. — Moyens proposés ou essayés pour y remédier. — Système Jouffroy. — Système Arnoux. — Système de MM. Amberger, Nicklès et Cassal. — Plans automoteurs. — Système funiculaire. — Chemin de fer atmosphérique. — Systèmes éolique, — hydraulique, — électro-magnétique. — Conclusion. 213

Tours. — Imp. MAME.

www.ingramcontent.com/pod-product-compliance
Lightning Source LLC
Chambersburg PA
CBHW071931160426
43198CB00011B/1347